KB195465

오늘도
뇌 마음대로
하는 중

건망증부터 데자뷔,
가위 눌림까지

뇌과학으로 벗겨 낸
일상의 미스터리

오늘도
뇌 마음대로
하는 중

사울 마르티네스 오르타
지음
강민지
옮김

언젠가는 내 머릿속에 안개가 낄지도 모르니.
언젠가는 내가 남들에겐 들리지 않는 목소리를 듣거나
누군가의 환영을 볼지도 모르니.

언젠가는 내가 당신의 얼굴을 몰라보고, 당신의 이름을 잊고,
우리가 함께한 날들을 기억하지 못할지도 모르니.

사랑하는 법을 가르쳐 준 사울 V에게.

제4부

특별하고도 기묘한 경험들

제5부

뇌에 관한 궁금증 그리고
오해와 진실

프롤로그

모든 움직임, 모든 작은 몸짓, 말, 감정, 기억. 우리 머릿속에 있는 모든 이미지와 모든 감각. 시간이 흐른다는 느낌, 산딸기의 향기 또는 오래전 어느 더운 여름 오후에 내가 노는 모습을 지켜보던 어머니의 사랑 가득한 눈빛을 떠올릴 때면 어느새 나의 몸 곳곳을 감싸는 온기. 어떤 식으로든 머릿속에 저장되어 인간으로서의 경험을 형성하는 이 모든 요소는 그 방법은 잘 모르겠지만 우리의 뇌가 만들어 낸 결과물이다. 모든 경험과 그 속의 구체적인 내용들은 오케스트라처럼 완벽한 조화를 이루는 수십억 개의 신경돌기에 간접적으로 스며든다. 신경돌기는 우리 스스로가 생각하는 인간다운 모습으로 완성시켜 줄 모든 특징이 담긴 구조를 만든다.

물론 인간을 단순히 뇌 활동의 결과로 정의하기엔 훨씬 더 복잡한 존재다뇌 활동이 단순하다는 말은 아니다. 그저 기계를 껐다 켰다 하는 것과는 다르다. 우리는 어느 정도 예측할 수 있는 범위 내에서, 계속 변하는 세계 속에서 살아간다. 그래서 우리를 둘러싼 일련의 변화와 위기에 항상 대비하고 적응해야 한다. 뇌 기능을 교란하는 방해물이 없는 소위 '정상적'인 조건에서, 주변 환경과 끊임없는 복잡한 상호작용을 거쳐 탄생한 결과물이 바로 인간이다. 다시 말해 인간은 경험의 산물이며, 경험은 곧 인간을 만들어 온 그 과정 자체이기도 하다. 한마디로 외부 세계의 자극이 없었더라면 인간은 아무것도 되지 못했을 것이다. 인간이라는 생물의 기본 체계는 수백만 년 동안 진화를 거치며 만들어졌다. 인간은 진화하면서 가장 기본적이면서도 근본적인 과정을 담당하는 단위인 유전자에 여러 기억을 문신처럼 새겼다. 아주 오래전부터 느꼈던 두려움이나 가장 원초적인 욕망은 물론이고, 절대로 잊어서는 안 되는 삶과 생존에 대한 열망 같은 기억들 말이다.

인간과 인간을 둘러싼 세계는 아주 오래전부터 매일 대화를 나누었다. 그 대화가 우리를 인간으로 만들고 인간으로 살아가게끔 하는 본질이다. 인간과 외부 세계의 대화는 인간이 독립적인 개인이자 사회적인 동물임을 알려 주는 증거이며 그 속에서 인간의 생각, 말, 예술적인 표현, 느낌, 감정적 경험, 사랑하는 능력이 탄생한다. 이렇듯 타인과 외부 세계가 없었다면 인간은 그 무엇도 아니었을 운명이지만, 무엇보다 뇌가 없었다면 모든 것이 불가능했을 것이다. 뇌가 외부 세계에서 쏟아지는 막대한 양의 정보를 처리하고 가공하기 때문이다. 그래서 잘 작동하는 뇌가 없다면 인간은 무엇도 아니며 무엇이 될 수도 없다.

이미 잘 알려진 얘기지만 인간의 뇌는 자연에 존재하는 시스템 중 가장 복잡하기에 더욱 특별한 기관이다. 복잡한 뇌를 모두 알기에는 우리의 이해력에 한계가 있어서 뇌가 인간을 구성하는 특징을 만들어 내는 방법 대부분은 여전히 미스터리로 남아 있다. 그래도 우리는 생각보다 뇌의 기능에 대해 많이 알고 있다. 여러 무서운 질병들에 정통함은 물론이고 인간이 무언가를 행동으로 표현하는 과정과 방식도 이해하고 있다. 덕분에 우리는 인간의 특징과 뇌 기능에 관한 지식에 근거해 인간이란 무엇이며 왜 이런 식으로 작동하는지 그 핵심을 설명하는 믿을 만한 모델을 수립할 수 있었다.

안타깝게도 인간의 뇌는 너무나 복잡해서 극도로 연약하고 수많은 이유로 일시적, 점진적 또는 영구적으로 **망가지기** 쉽다. 정신적 외상, 중독, 종양, 출혈 또는 신경 퇴행 과정과 같은 외부의 공격으로 뇌 기능이 손상되면 행동 표현과 인지 능력에 비교적 뚜렷한 변화가 나타난다. 그래서 전두엽 손상 환자들에게서는 눈에 띄게 탈억제 행동이 나타나고, 좌뇌의 핵심 부위가 손상된 환자들은 언어 장애를 겪으며, 발작을 겪은 이후에 신체 일부가 마비되는 것은 뇌 손상의 결과임에 틀림없다.

사실 우리가 온전히 이해하고 받아들이기 더 어려운 건 따로 있다. 너무나 일상적인 상황에서 우리가 느끼고, 경험하고, 행하는 것 또한 본질적으로 뇌가 만든 결과물이라는 점이다. 뇌와 뇌의 기능은 우리가 느낄 수 있는 것이 아니라 그냥 존재하는 것이다. 어떤 단어가 떠오르지 않을 때, 아무 생각 없이 걸을 때, 아니면 지금처럼 기계적으로 이 글을 읽고 이해하는 동안 우리는 뇌에서 무슨 일이 일어나는지 전혀 알아채지 못한다. 이렇게 뇌를 느끼지는 못해도, 우리 자체가 곧 뇌다.

나는 신경심리학자로서 인간의 뇌가 원치 않는 공격을 받을 때어떤 결과가 나타나는지를 관찰한다. 뇌 손상이 그 결과에 어떤 영향을 미쳤는지 연구하고 이해하는 데 일생을 바쳤고 지금도 그렇다. 신경심리학에서 현존하는 최고의 교과서는 바로 **환자**다. 정상적인 뇌와 손상된 뇌의 기능이 어떻게 다른지에 대해 뇌 손상을 입은 환자를 연구하는 것보다 더 잘 알려 준 자료는 없었다. 나는 뇌 기능, 뇌인지 표현 과정에서 뇌 기능의 역할과 인간 행동을 모두 파악하기엔 우리의 이해력에 한계가 있다는 점을 아주 잘 안다. 그래서 뇌와 뇌 기능을 연구할 땐 가장 겸손한 자세로 임해야 한다고 항상 강조해 왔다.

하지만 나는 신경심리학자인 데다 호기심도 많은 사람인지라 상담 센터와 임상 현장이라는 틀을 넘어 더 폭넓게 이 세상과 인간을 관찰하고 분석하지 않고는 배길 수 없었다. 평생 뇌의 기능과 그로 인한 인간의 행동을 연구하는 한 우물만 판 내 시선이 편협할지도 모른다. 인간을 만드는 공식 속에 다양한 변수가 있음을 간과한다는 뜻은 절대 아니다. 하지만 질병을 연구하면 뇌가 손상되었을 때 어떻게 되는지 알게 될 뿐만 아니라 완전히 정상적인 뇌가 작동하는 방식도 알 수 있다. 그래서 인간의 일부를 설명해 주는 신경심리학적 현상을 연구하는 데 몰두하게 되었다.

인간 행동에 관한 수많은 일상적 질문에 대해 고민하다 보니 결국 나의 신경심리학적 호기심과 경험에 근거하여 어느 정도의 해답을 제시하기에 이르렀다. 거창한 과학적 목적이 있는 것은 아니다. 일상에서 떠오르는 질문에 대해 신경심리학과 신경과학의 관점에서 솔직한 의견을 나누고 싶었다. 그렇지만 어불성설을 늘어놓는 경솔한 **괴짜 신경심리학자**는 되지 않으려 조심했다.

인간은 질병에 걸렸을 때뿐만 아니라 정상적인 상태에서도 뇌 활동과 분리될 수 없다. 따라서 누구나 **일상 속 신경심리학**을 경험한다. 신경심리학적 현상에는 수많은 요인이 작용하는데, 어떤 요인들은 뇌에 아무 문제가 없는데도 발생한다. **일상 속 신경심리학적** 현상은 지극히 정상적인 뇌를 가진 사람에게도 충분히 발생할 수 있다는 뜻이다. 우리 뇌가 거치는 과정의 일부가 가끔 고장 날 수 있다. 뇌 기능은 극도로 복잡하고 연약한 탓에 갑자기 고장이 나기도 하지만 그것이 곧 병리적 증상을 뜻하거나 병의 원인이 되는 것은 아니다. 당연히 인간의 뇌는 피로, 수면 부족, 스트레스 등 기폭제가 될 만한 특정 상황에 노출될 때 더 분명하고 지속적인 손상을 입지만 일상적인 상황에서 특별한 원인이 없는데도 제 기능을 못 할 때가 있다.

뇌 기능이 잠깐 **비정상적**으로 작동하되 병으로 이어지지 않는 것은 아주 정상적인 현상이며 이것이 인간의 또 다른 특징이다. 다만 증상이 다소 오래 지속되거나 꽤 심각하다 싶으면 놀라워하며 궁금한 마음에 구글 선생님께 문의했다가 병일지도 모른다는 의심이 생기면 두려워지기도 한다.

목차 중에서 **'차 키를 어디에 뒀더라?'**라는 질문에는 우리가 일상에서 가장 흔히 겪는 상황이 반영되었다. 이를테면 물건이 있어야 할 곳에 없는 절망적인 상황이다. 왜 이런 일이 생길까? 다른 자잘한 물건들은 또 어떤가? 왜 단어가 한 번에 안 떠오르고, 주위에 아무도 없는데 내 이름을 부르는 소리가 들리며, 최근에 겪은 일이 기억이 안 나고, 다른 사람과 나의 기억이 다른 걸까? 운전할 때 분노가 폭발하는 이유, 인간의 악행, 심지어는 많은 사람이 겪었거나 겪었다고 주장하는 불가사의하고 초자연적인 현상이 정말 정상적인 뇌가 만들어 낸 결과일까?

이 책에서 나는 일상의 자연스러운 현상에 관한 질문에 신경과학, 신경심리학 그리고 나의 경험을 바탕으로 답을 제시했다. 신경심리학자로서 조금은 치우친 시선으로 세상을 바라봤을 수도 있다. 이 책에 등장하는 질문 중 대부분은 내가 수도 없이 고민해 본 것들이며, 나머지는 전문가로서의 의견이 필요한 것들로 상담을 하면서 떠올려 본 내용이다.

또 이런 질문들을 떠나서 환자들이 실제로 겪는 증상보다 더 좋은 자료는 없기에 병리적인 증상과 그렇지 않은 증상은 어떻게 다른지 내가 만났던 환자들의 사례를 활용하기도 했다.

나를 비롯한 그 누구도 이 책에서 나오는 질문에 전부 답할 수는 없다. 차 키 같은 열쇠는 언젠가 나타나기 마련이지만 인간을 인간답게 만드는 현상 전체를 설명해 주는 열쇠는 아직 찾지 못했다. 그렇지만 우리는 세상을 관찰하면서 생각하고, 지식에 기반하여 정확한 해답을 찾고, 실수를 저지르기도 하고, 과학적 수단을 활용해 배움을 이어 나가는 사치를 누릴 수 있다.

훌륭한 신경심리학자 로버트 K 히튼Robert K. Heaton이 그랬듯, "인생은 하나의 신경심리학 테스트"다.

제1부

나,
기억 상실인가?

우리 상담 센터에는 기억력이 떨어진 것 같은 느낌이 든다며 찾아오는 내담자가 가장 많다. 애석하게도 본인의 기억력에 문제가 생겼다고 주장하는 사람이나 가족의 기억력이 나빠졌다고 말하는 사람들을 철저히 검사해 보면 반박의 여지가 없는 진단 결과가 나온다. 그리고 그것은 우리 모두 경험해 본 내용이다. 인간은 내가 아는 나의 모습으로 존재한다. 나라는 존재는 바로 지금까지도 폭포처럼 쏟아지고 있는 기억의 집합체이며 그 기억들은 나와 나를 둘러싼 현실에 일관성을 부여한다. 나는 지금의 나이며, 지금이란 오늘이고, 지금 이 장소는 내가 있는 곳이며, 여기, 오늘, 지금 나와 함께 있는 사람들은 다른 누구도 아닌 바로 이 사람들이다.

뇌가 거치는 과정 일부에 문제가 생기면 기억이 붕괴하고 기억의 붕괴는 다양한 수준으로 나타난다. 그런데 저장된 기억에 접근하지 못하는 것과 기억이 저장된 창고 자체를 잊는 것은 엄연히 다르다. 과거의 일을 현재와 착각해서 사람, 장소, 그 순간을 헷갈리는 것은 경험한 일을 완전히 개조하는 것과는 다르다. 저장된 기억이 없다면 우리 머릿속에서는 그 순간을 그럴듯하게 만들기 위한 환상이 창조되기 때문이다.

첫 상담 때는 내담자의 정보, 즉 **병력**anamnesis에 관한 정보를 수집한다. 병력을 알면 내담자가 겪은 현상과 더불어 내담자에게 무엇이 필요한지 파악하는 소중한 데이터를 얻을 수 있다. 내담자의 경험을 듣다 보면 대부분 이미 정보를 수집하는 단계에서 소위 좋지 않은 징조가 있다는 걸 알 수 있다. 하지만 뇌 질환과 관련된 문제가 없고 오히려 너무나도 정상적인 경우도 흔하다. 이런 경우 내담자가 겪은 현상이 매우 성가시고 걱정스러울 수는 있어도 병리학적 뇌 손상은 아니며 특별한 원인이나 이유 없이 시스템에 발생하는 작은 문제라고 보면 된다.

즉 기억력에 문제가 생긴 것처럼 보여도 꼭 질병으로 이어지는 건 아니라는 뜻이다. 하지만 뇌 손상을 암시하는 잠재적인 신호를 무시하거나 모든 것을 나이 탓으로 치부해서는 안 된다고 말하고 싶다. 따라서 꼭 뇌 질환에 걸린 게 아니더라도 증상을 완화하려면 무엇을 해야 하는지 알아보는 것도 중요하다. 어떤 경우는 안타깝게도 질병의 시작일 수 있으니 대체 이런 증상이 왜 나타나는 건지 전문가를 찾아가서 상담해 볼 필요가 있다. 🧠

1장

이 사람,
이름이 뭐였지?

다른 사람과 마주쳤을 때 난감하고 괴로운 순간을 많이 겪기로
는 나도 어디 가서 빠지지 않는다. 누군가 내 이름을 너무나 반갑
게 부르면서 인사를 하는데 '뭐야, 대체 누구지? 아는 사람인가?
어디서 본 것 같긴 한데…' 하는 생각과 함께, 내 앞에 있는 사람
을 잘 아는 것처럼 연기하면서 넘어가기 위한 레퍼토리를 쥐어
짜내느라 머리가 터질 뻔했던 상황은 셀 수도 없다.

인류는 진화하는 동안 여러 차례 난관과 위기를 극복하며 적응
한 덕분에 생존할 수 있었다. 특히 외부의 존재를 정확하면서도
빠르게 인지하고 그 존재에 관한 정보를 기억하는 능력이 인간을
생존하게 한 결정적 요인이다. 이렇게 생각하면 쉽다. 먹어도 되

는 식물과 안 되는 식물 또는 맹수와 그렇지 않은 동물을 얼마나 잘 구별하느냐에 따라 생존 여부가 달라진다. 물론 이런 능력을 갖추기까지 시행착오로 인한 희생을 피할 수는 없지만 말이다.

의미 기억이란 어떤 개념이나 대상이 암시하는 의미를 이해하고 아는 것이다. 우리는 의미 기억 덕분에 집은 집이며 집이 무슨 역할을 하는지 알 수 있고, 누구나 숟가락을 보면 그것이 숟가락이며 어디에 어떻게 쓰는 것인지 안다. '자극'만 충분하면 깊게 고민하지 않아도 된다. 밝은 곳에서 형태가 분명한 숟가락을 보면 우리 뇌는 0.2초 만에 그것이 숟가락임을 알아챈다. 숟가락 하면 떠오르는 대표적인 특징들이 이미 의미 기억에 저장되어 있어서 이토록 지독한 효율성이 발휘되는 것이다. 이렇게 우리가 보는 대상의 공간적 또는 형태적 특징이 시각 정보 처리의 첫 단계에서 처리되기 시작하면 우리의 의미 기억은 위의 숟가락 예시처럼 그 특징에 가장 잘 부합하는 것을 떠올린다. 그런데 흥미롭게도 시각 장애가 없더라도 뇌에서 시각 정보 처리를 담당하는 영역이나 의미 기억에 영향을 미치는 구조가 일부 손상된 사람은 어떤 사물을 보아도 그게 무엇인지 알지 못하는 시각실인증을 앓게 된다. 시각실인증은 그 사물이 무엇인지는 아는데 이름을 떠올리지 못하는 증상과는 다르다.

인간은 진화 초기 단계부터 무리를 지어 사는 사회적 동물이었다. 하지만 생존은 쉽지 않았고 인간이 마주했던 그리고 여전히 마주하고 있는 가장 위협적인 존재는 다름 아닌 타인이다. 그렇기에 뇌의 구조와 기능에서 사람의 얼굴을 인식하는 능력은 아주 중요하다. 오른쪽 측두엽 하부의 **방추상회**라 불리는 부위에는 우리가 아는 인물들의 안면 정보만을 처리하는 **방추상 얼굴 영역**이라는 부위가 있다. 방추상 얼굴 영역 덕분에 우리 뇌에서는 누군가의 얼굴이 지닌 외형적 특징에 노출된 후 단 0.17초면 누구의 얼굴인지 인식하는 과정이 작동한다. 상대가 남자인지 여자인지, 내가 아는 사람인지 아닌지, 믿어도 되는지 아닌지 등 상대 얼굴의 특징이 종합적으로 어떤 의미를 갖는지 순식간에 파악할 수 있다. 방추상 얼굴 영역의 특정 부분이 손상되면 시각실인증과 비슷한 **안면실인증**이라는 특이한 신경심리학적 증상이 나타난다. 안면실인증 환자들은 다른 대상을 인식하는 데는 문제가 없지만 안면 정보를 처리하지 못해서 가장 가까운 사람도 몰라보고, 심지어는 얼굴을 얼굴로 인식하지 못하고 아무것도 없는 혹은 뒤틀린 표면처럼 본다. 어쨌든 방추상 얼굴 영역이 아주 순식간에 자동으로 얼굴을 인식하는 탓에 우리는 심지어 얼굴이 아닌 형상을 사람의 얼굴로 보게 되는 **변상증**이라는 착시 현상을 겪기도 한다.

변상증을 보여 주는 예시. 이 사진에는 실제로 얼굴이 없는데도 각 요소의 배치 때문에 뇌는 얼굴이 있다고 인식한다.

그렇다면 우리가 어떤 사람을 보고 아는 사람이 맞는지 혹은 그의 이름이 뭔지 헷갈리는 증상을 일종의 안면실인증이라고 할 수 있을까? 대답은 '아니오'다. 대부분의 경우 그렇지 않다.

별다른 이유 없이 갑자기 안면 정보를 처리하고 인식하는 과정에 문제가 생기는 특발성안면실인증도 있다. 편두통이나 뇌전증 등이 발생하기 전에 일시적으로 안면 인식에 어려움이 생길 수도 있다. 나도 몇 년 전 여행 중일 때 비슷한 경험을 했다. TV로 일기 예보를 보던 도중 절친한 친구 카를로스가 갑자기 캐스터를 보고 잔뜩 놀란 표정을 지으면서 이렇게 말했다.

"저 사람 얼굴이 왜 저래? 얼굴이 너무 이상하잖아! 안 그래?"

하지만 캐스터의 얼굴에는 아무런 문제가 없었다. 카를로스가 덧붙였다.

"이런, 예전에 겪었던 일이 또 일어나고 있어! 저 사람 얼굴이 꼭 피카소 그림 같아. 코가 있어야 할 곳에 없고 눈도 이상한 데 붙어 있어. 완전 뒤죽박죽이야."

그리고 몇 분 뒤에 끔찍한 편두통이 카를로스를 덮쳤다. 시각적 정보 인식 문제는 편두통이 찾아오기 전 나타나는 전조 증상 같은 것이었다.

뇌 손상으로 인한 것이든, 신경 퇴행 과정이든, 특발성이든, 일시적인 현상이든 안면실인증 환자는 목소리로 내 앞에 있는 사람이 누군지 판단한다는 공통점을 갖고 있다. 앞서 우리가 흔히 겪는 일이라고 예시를 들었던 현상은 상대의 얼굴과 그 특징을 완벽히 인식한다는 점에서 안면실인증과 확연히 다르다. 누군가가 나에게 인사를 하는데 도대체 누군지는 알 수 없는 흔하면서도 괴로운 경험은 안면실인증이 아니다.

인간은 눈앞에서 펼쳐지는 상황은 물론이고 머릿속에서 생성되는 이미지, 단어, 느낌, 생각에서 비롯하는 엄청난 양의 정보에 끊임없이 노출된다. 뇌는 모든 상황을 똑같은 방식으로 처리하지는 않는다. 똑같은 방식으로 처리하려면 불가능한 수준의 노력이 필요하고, 그러다 보면 곧 시스템이 파괴될 것이다. 그래서 인간에게는 인지 과정을 거치면서 더 공들여서 처리해야 하는 대상이 무엇인지 선별하는 능력이 생겼다. 그 인지 과정이란 바로 주의력이다.

특정 자극에 주의를 기울인다는 것은 모든 인지 자원을 한 자극에 집중적으로 투입하고 나머지 자극은 대강 처리한다는 뜻이다. 인간은 다른 동물들과 달리 어떤 자극을 선택하고 그 자극에 주의력을 특별히 더 기울일 수 있는 능력이 있다. 하지만 아무리 노력해도 주변에서 왠지 중요해 보이는 상황이 발생하면 어쩔 수 없이 주의력의 방향이 전환된다. 이것이 바로 주의력 분산이다. 예를 들어 여러분이 이 책을 읽으면서 집중하는데 갑자기 초인종이 울리거나 누군가 밖에서 비명을 지르면 그쪽으로 주의력이 쏠릴 수밖에 없다.

아무리 노력해도 주의력이 분산될 수밖에 없다는 사실은 우리가 자발적으로 통제하는 것 외에 또 다른 주의 시스템이 존재함을 뜻한다. 그 주의 시스템이 우리가 눈치채지 못하는 사이에 외부에서 어떤 일이 발생하고 있는지 감시하는 것이다. 우리가 막대한 인지 자원을 투입해야 하는 특정 상황에 몰두하느라 주변에서 무슨 일이 일어나는지 확인할 수 없을 때 감독이 되어 주는 격이다. 이는 인간이 환경에 적응하면서 생긴 능력이다. 특정 자극에 집중하느라 주변을 신경 쓰지 않으면 덮치기 쉬운 먹잇감이 되기 때문이다.

이렇게 우리가 의식하지 못할 때 혹은 의식과 무의식의 경계에 있을 때 주의 감독 시스템이 발동한다. 일상 속 신경심리학적 현상 중 상대적으로 흔한 두 가지 현상이 바로 주의 감독 시스템과 관련이 있다. 주의 감독 시스템은 **앞면 주의 네트워크**라는 뇌의 부위에서 작동하는 시스템이다. 앞면 주의 네트워크의 주 역할은 주변 상황을 감독하고 경고하는 것이라서 외부 자극의 의미를 재구성하는 과정에는 그다지 열심히 참여하지 않는다. 즉각적인 대응이 주목적이기 때문에 우리에게 무슨 일이 일어난 건지 또는 무엇이 우리의 집중력을 흐렸는지 정확히 알 새도 없이 갑작스러운 위기 상황에 빠르게 반응하도록 한다. 위기가 코앞에 있는데 위험 요소, 이득, 가능성 등을 알아보고 헤아리고 따지며 시간을 보내는 건 적응력과는 거리가 멀기 때문이다. 그래서 초보 엄마들이 따발총 같은 소음이 들려도 평온하게 잠을 자거나 아기가 온 집안을 헤집으며 뛰어다녀도 독서나 드라마 시청에 열중할 수 있는 것이다. 하지만 푹 자거나 무언가에 집중하다가도 아기가 막 울기 시작하거나 요란하지는 않아도 규칙적으로 어떤 소리를 낼 때, 즉 아기에게 무슨 일이 생겼음을 알리는 아주 작은 소리가 들리면 엄마는 모든 자원을 즉각 총동원해서 갑자기 일어난다.

한편 식기세척기에서 그릇을 꺼내거나 핸드폰으로 문자 메시지를 확인하면서 걷는 등 일상적인 일을 처리하느라 집중하고 있을 때 열려 있던 선반의 모서리나 도로 표지판의 가장자리를 너무나 재빠르게 피한 나머지 혹시 자신이 초능력자가 아닌지 생각해 본 적이 있을 것이다. 초능력자가 아니라면 보지도 않았는데 어떻게 피한다는 것인가? 분명 알고 피한 것은 아니다. 하지만 우리에게 실제로 해가 될지 아닐지 인식하기도 전에 위기를 모면하기 위한 자원을 동원하는 원초적인 주의 감독 시스템이 작동한다면 가능하다.

이 모든 게 내 앞에 있는 사람의 이름을 떠올리지 못하는 괴로운 경험과 관련이 있을까? 당연히 관련 있다. 그 괴로운 경험이 일어나는 과정의 핵심 요소가 바로 주의력이기 때문이다.

외부의 정보가 어떻게든 기억으로 저장되려면 다양한 신경 체계가 작용하는 일련의 단계 내지는 과정이 필요하다. 그 과정을 거치면 우리는 새로운 지식을 구축하고 저장하게 되며 저장된 지식은 나중에 기억의 형태로 인출할 수 있다. 하지만 모든 과정이 제대로 진행되려면 먼저 거쳐야 할 필수 단계가 있다. 우리는 주의를 기울이지 않은 정보는 학습할 수 없고, 주의를 기울이는 대상의 정보를 얼마나 심도 있게 처리하느냐에 따라 저장되는 정보와 기억의 질이 달라진다.

앞에서 언급했던 것처럼 상담소에 찾아와서 "그 사람을 어디서 만났는지 모르겠어요"라거나 "상사가 뭘 하라고 했는데 나중에야 까먹었다는 걸 깨달았어요"와 같은 흔한 기억력 문제가 있다고 말하는 사람이 많다. 그 이외에 다른 문제가 없는 것이 분명하다면 대부분 나는 내담자에게 망각이 있으려면 일단 중요한 전제조건이 충족되어야 한다고 설명한다. 바로 외부의 정보가 일단 저장이 되어야 한다는 것이다. 이 말인즉슨 일반적으로 잊었다는 느낌은 그저 느낌일 뿐이며, 사실 우리가 잊었다고 생각하는 정보는 애초에 학습된 적이 없다. 정확하게는 우리가 충분한 주의를 기울이지 않았기 때문에 저장되지 않은 것이다.

사회생활을 하면서 타인과 관계를 맺고 상호작용을 하다 보면 무수한 상황 속에서 자극의 소용돌이에 휩싸이게 된다. 현재 내 일상의 반경 속에 있는 사람이 있는가 하면 오래전 내 삶의 일부를 차지했던 사람이 있고 직장 동료, 자연스럽게 알게 된 사람, 친구의 소개로 만난 사람, 모임에서 만난 사람이 있다. 이 사람들과 처음 만났을 때 분명 서로 인사를 주고받거나 누군가 그 사람들을 소개해 줄 때 이름을 들었을 것이고 심지어는 대화도 나눴을 것이다. 하지만 솔직히 딴생각에 빠져 있던 적도 있고, 그저 나쁜 사람으로 보이고 싶지 않아서 언제나 그랬듯 형식적인 매너만 갖췄던 적도 많을 것이다.

우리가 경험하는 사건 혹은 상황에서 보고 겪은 순간, 장소, 감정, 세부 사항, 맥락이 저장되는 일화 기억episodic memory은 기억을 구축하고 회상할 때 이런저런 정보를 활용한다. 감정을 제외하고 가장 많이 활용되는 정보는 맥락이다. 특별한 맥락이 있다면 사람을 기억하기가 훨씬 쉽고 그 사람의 이름, 노래하는 목소리의 톤, 노래를 부른 사람, 마지막으로 그 노래를 들었던 장소 등 구체적인 기억에 접근하기도 더 수월하다.

갑자기 내 앞에 나타난 사람이 누군지, 이름도 모르겠다면 그 사람은 당신이 순간적으로 떠올린 맥락과는 전혀 다른 맥락 속에서 만났던 사람일 가능성이 크다. 맥락상의 힌트가 없다면 방추상 얼굴 영역과 원초적인 학습 체계가 아무리 열심히 일해도 그 사람이 누군지 떠올릴 길이 없다. 이럴 땐 용기를 내서 당신이 누군지 잘 기억이 안 난다고 솔직하게 말하면 그 사람이 힌트를 줄 것이고 그때부터 일화 기억 저편에서 조금씩 그 사람을 찾을 수 있다. 이름 같은 일부 정보는 잘 생각이 안 나더라도 저장한 적이 없는 정보여서 적어도 그 사람을 만났던 어느 순간을 떠올릴 수 있다.

그다지 중요하지 않거나 자주 사용되지 않는 정보는 시간이 지나면서 왜곡되고 잊히기도 한다. 특정 기억을 계속 회상하려는 노력을 따로 하지 않으면 그 기억은 서서히 조각나고 흐려진다. 다시 말해 기억을 계속 떠올리면서 선명하게 빚지 않으면 그 기억은 결국 사라지게 되어 있다. 첫 만남, 어쩌면 딱 한 번이었던 그 만남 이후로 딱히 떠올려 보지 않은 탓에 이름도 기억나지 않는 사람이 내 앞에 있으면 골치가 아프다. 그 사람에 대한 저장된 기억이 없는데 어디선가 본 것 같은 기묘한 기분에 사로잡힌다. 그 사람의 기억을 다시 떠올려 본 적이 없다면 기억이 잘 나지 않는 것이 지극히 정상이다.

외부에서 수많은 자극이 우리를 쉴 새 없이 폭격하지만, 우리의 주의력은 제한적이다. 주의력은 어쩔 수 없이 제 능력을 온전히 발휘하지 못한다. 최선을 다한들 우리의 기억력이 완벽할 순 없다는 사실을 짚고 넘어갈 필요가 있다.

사실 통념과 달리 기억은 선택적이지 않다. 학습 능력과 기억력을 관리하는 신경 체계가 집중 공격을 받으면 사는 내내 기억력 문제를 겪는다. 어떤 사람의 얼굴이 기억나지 않는 것처럼 갑자기 어느 순간에만 기억력이 나빠지는 일은 거의 없다.

그럼 기억력 감퇴는 어떻게 방지할 수 있을까? 일단 기억 형성의 핵심은 주의력이다. 정보를 조금이라도 집중해서 처리하지 않으면 기억을 못 할 가능성이 크다는 것을 유념해야 한다.

"하지만 선생님, 전에는 이런 적이 없어요!"

"그래요. 전에는 피로, 스트레스, 휴식 부족, 한 번에 여러 가지 일을 처리하거나 생각하기 등과 같이 주의력을 쉽게 흐릴 만한 엄청난 양의 자극이나 변수가 없었을 겁니다."

이런 현상은 일상에서 누구나 겪을 수 있는 가벼운 증상이다. 하지만 사람, 단어, 장소를 선택적으로 잊거나 반대로 엄청나게 많은 사람을 아는 척하는 경우는 병리적 증상의 시작이 될 수도 있다.

몇 달 전 나는 중요한 공증인을 만난 적이 있다. 그는 열심히 노력해서 다들 부러워하는 나이에 공증인 자격을 얻은 청년이었다. 그가 인지 능력도 뛰어나고 기억력도 탁월한 사람으로 살아왔을 것이라는 데 의심의 여지가 없었다. 하지만 몇 달 전부터 마치 기억 상실증에 걸린 듯이 특정 기간을 기억하지 못하는, 굉장히 구체적인 사건들을 겪었다고 했다. 가령 2년 전에 이탈리아 나폴리를 여행한 적이 있고, 최근에 친구들과 다시 나폴리로 여행을 떠났는데 그의 말에 친구들이 굉장히 당황했다고 한다.

"나폴리 여행 기대된다! 전부터 가 보고 싶었어."

뒤에서 설명하겠지만 어떤 이유에서인지 그의 기억에서 '나폴리 여행'이 사라진 것이다. 이외에도 꽤 중요한 사건들을 자주 까먹었던 그가 종이에 그려 준 것을 보니 어떤 증상인지 알 수 있었다. 그는 선 하나를 그리며 그것이 시간이라고 했고 꽤 널찍하게 구간을 나누면서 어떤 구간은 몇 시간, 어떤 구간은 며칠, 어떤 구간은 몇 초라고 했다. 그러고는 시간의 흐름에 따라 겪은 일들을 크고 작은 형태로 나누어 그리더니 그중 몇 가지는 지우면서 이렇게 말했다.

"이게 제 상태예요. 어떤 사건들은 아예 기억이 안 나요."

이 증상에 더해 갑자기 몇 초 동안 연결이 끊어지는 느낌을 받을 때도 있다고 했다. 그 몇 초 동안은 의식은 있는데 말도 안 나오고 생각도 할 수 없다가 조금씩 혼미하고 불안하고 완전히 동떨어진 그 느낌에서 벗어나서 정상으로 돌아온다는 것이다.

그의 증상은 부분발작이었다. 부분발작은 뇌전증의 한 형태다. 그의 경우 발작이 측두엽에서 시작되어 전두엽 영역으로 퍼졌지만 뇌전증 하면 흔히 떠오르는 강직간대발작tonic-clonic seizures까지는 이어지지 않았다. 그에게는 기억 형성과 회상을 관리하는 중요한 영역에서만 부분발작이 일어났다. 몇 차례의 부분발작을 겪으면서 다른 기능은 손상되지 않고 기억 능력만 파괴되었거나 기억에 대한 접근이 차단되었을 가능성이 있다. 사실 그의 증상은 우리가 흔히 데자뷔라고 하는 현상의 한 종류로, 뒤에서 더 자세히 설명하겠다. 데자뷔는 보통 '이미 겪었던 일 같다'는 느낌이 드는 현상을 일컫는데, 그는 자신이 실제로 겪었거나 본 것을 기억하지 못하는 자메뷔 현상을 겪은 것이다.

위와는 180도 다른 증상을 보인 환자도 있었다. 그는 신경 퇴행의 초기 단계에서 나타나는 증상을 보였으나 누구도 이상하게 여기지 않았다. 환자의 아내가 생각나는 대로 그의 증상을 얘기하고 나서 내가 구체적으로 질문을 시작했는데 이상한 점이 하나 있었다. 질문하기에 앞서 나는 그녀에게 신경 퇴행 과정에서는 안면실인증이 흔히 발생한다는 점을 미리 알려 주고 그의 증상에 관해 물었다. 그러자 그녀는 이렇게 답했다.

"무슨 소리예요, 선생님! 사람을 몰라보거나 기억 못 하는 게 아니라 지나가는 사람들을 다 아는 것처럼 아무한테나 인사한다니까요!"

그 환자는 모르는 사람에게서 과도한 친숙함을 느꼈고 자신이 모든 사람을 다 안다는 확신에 차 있었다. 심지어 상담 센터에 오는 길에는 신호등이 바뀌기를 기다리는 동안 관광버스에서 여행객 수십 명이 내렸는데 그가 마치 그 여행객들과 평생 친구였던 것처럼 너무나 반갑게 인사했다고도 했다. 모르는 얼굴에 대한 과잉친숙Hyperfamiliarity for faces syndrome이라고 알려진 이 증상은 흔하지는 않지만 보통 측두엽의 특정 영역에서 발생하는 문제에 따른 이차적인 증상이다. 따라서 측두엽 뇌전증 또는 측두엽에서 발생하는 신경 퇴행과 함께 나타나는 경우가 많다.

두 환자의 사례 모두 우리가 일상에서 주의 시스템에 문제가 생겼을 때 겪을 만한 증상과는 완전히 다르다. 주의 시스템에 차질이 생겨 기억의 품질이 낮아지는 현상은 가벼운 증상이지만 걱정스러울 순 있다. 만나는 모든 사람을 알 순 없고 다 기억하는 것은 더더욱 힘들다. 하지만 다른 사람도 나를 못 알아본 적이 많다고 생각하면 한결 안심된다. 우리의 신경심리학적 기능에 한계가 있다고 인정하는 것은 결코 회피가 아니다. 오히려 한계를 보완하는 자원을 동원할 수 있다.

그래서 나는 누군가를 소개받거나 누군가와 며칠 함께 지내게 되었을 때 다음에 다시 만나면 당신을 기억 못 할 확률이 높다고 말하면서 선수를 치기도 한다. 그렇게 말하는 게 당시에는 조금 부끄럽더라도 미래의 괴로움은 피할 수 있으니까.

2장

요즘 단어가
생각이 안 나

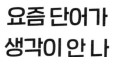

　어떤 사람의 이름, 노래 제목, 장소의 이름을 분명히 아는데 도저히 입 밖으로 나오지 않아서 고통스러웠던 적이 꽤 많을 것이다. 아주 흔하면서도 일상적인 이 현상을 가리켜 '설단현상TOT, Tip-of-the-tongue phenomenon'이라고 한다.

　앞 장에서 설명했듯 정보를 기억 시스템에 저장하는 것과 그 기억에 접근해서 기억을 다시 꺼내 보는 것은 별개의 능력이다. 아주 간단하게 얘기하자면 설단현상이 생기는 가장 큰 이유는 전전두피질prefrontal cortex의 어떤 부분이 저장된 정보에 접근하고 기억을 떠올리는 과정에 문제가 생긴 것이다.

　정보가 지식으로 변환되어 기억에 저장되는 과정은 아무렇게

나 이루어지지 않는다. 놀랍게도 정보는 특성에 따라 분류되어 저장된다. 간단한 예시를 들자면, 옷의 종류에 따라 옷장을 정리하는 나름의 규칙을 정하면 나중에 찾기가 쉽다. 양말을 셔츠 보관함에 넣어 두면 나중에 찾을 때 애를 먹는다. 비슷한 양말 두 켤레를 한 공간에 보관하면 원래 찾으려던 양말이 안 보일 때 나머지 한 켤레를 찾으면 된다. 우리가 저장하려는 정보 중 비슷한 개념이나 단어는 가까운 노드node로 묶이며 다른 개념이나 단어는 멀리 있는 노드로 분류되면서 거대한 연결망을 형성한다. 우리가 보통 어떤 언어나 단어를 찾을 땐 머릿속 사전lexicon이라 불리는 이 연결망을 참고한다.

개념들을 연결망 속에 정리할 때 사용되는 핵심적인 기준 중 하나는 바로 의미 범주다. 가구로 치면 종류의자와 책상 혹은 용도의자와 소파 아니면 위치옷장과 침대에 따라 의미가 연관 있는 개념들은 가까운 곳에 묶인다. 사람들에게 1분 동안 동물 이름들을 들려준 뒤 언급된 동물을 다시 말하라고 하면즉 기억을 하라고 하면 자신만의 범주나 그룹을 만들어서 대답한다. 예컨대 누군가는 '강아지, 고양이, 앵무새, 잉꼬, 타조, 호랑이, 사자, 하이에나, 코끼리, 고래, 상어, 토끼, 닭, 돼지'와 같은 순서로 말할 수 있다. 생각나는 대로 언급한 듯해도 잘 보면 집에서 키우는 동물, 새, 열대우림에 사는 동물, 바다에 사는 동물, 농장에 사는 동물 순으로 나열됐다.

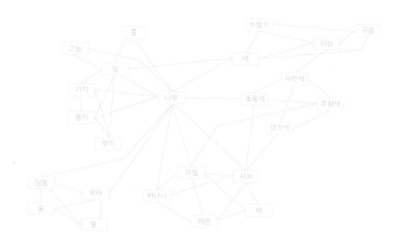

머릿속 사전(mental lexicon)의 구조를 표현한 그림. 위의 예시에서는 비슷한 의미의 단어들끼리 가까이 있다. 다른 기준으로는 같은 글자로 시작하는 단어 등이 있다.

　머릿속에 정보가 어떻게 분류되어 있느냐에 따라 단어를 쉽게 떠올릴 수 있는지 없는지가 결정된다. 위에서 말한 의미 범주가 정보 접근을 수월하게 하는 유일한 단어 정리 기준은 아니다. 음운론적 특징에 따라서도 단어를 분류하고 연결할 수 있으며 나이, 나비, 나라 등 의미에 따라 나누기도 하고 좋다 혹은 나쁘다 특정 사건이나 인물과 관련 있는 단어끼리 묶을 수도 있다. 이렇게 맥락을 기준으로 분류할 땐 더 자주 사용되는 단어들끼리 뭉치게 된다.

　복잡하긴 해도 이렇게 일관성 있는 분류 체계를 마련해 놓으면 잘 정돈된 옷장에서 옷을 찾듯 원하는 정보에 신속하게 접근할 수 있다. 하지만 앞서 말했듯 이 작업이 살짝 꼬이면 뇌가 고장이 난다는 문제가 있다.

아주 일상적인 상황일지라도 정보 접근과 회상에 순간적인 차질이 생기면 설단현상이 발생할 수 있다. 설단현상이 발생하는 이유에 대한 가설 중 하나는 다음과 같다. 머릿속 사전에 여러 단어가 함께 묶여 있으면 비슷한 양말 두 켤레처럼 단어 사이에 간섭이 발생하기 쉽다. 결국 알고 싶은 단어가 의식 수준까지 도달하지 않아서 말문이 막힌다. 예를 들어 연상 과정에서 두 단어가 경쟁하는데 둘 중 오답인 단어가 승리하여 정작 정답인 단어를 떠올리기가 어려워지는 것이다. 설단현상을 겪을 때 떠올리려는 단어와 비슷한 다른 단어가 자꾸 머릿속에 맴도는 이유다.

이와 비슷한 다른 가설로는 정보 접근과 회상 과정에서 주어지는 힌트가 잘못된 경우다. 이를테면 'P로 시작하는 단어'라는 힌트를 갖고 기억 속에서 정보를 찾으려는데 실제로는 그 단어가 P로 시작하지 않는 것이다. 이럴 때도 설단현상이라고 할 만한 현상이 발생한다. 그리고 속으로 이렇게 생각한다. '자, 정신 차리자. 대체 뭐였지? P로 시작하는 단어인데.' P로 시작하는 단어가 아닌데도 꼭 P로 시작하는 것 같은 느낌이 든다는 게 문제다. 이런 혼란만 생겨서 우리가 찾는 정답에 접근하기가 더욱 어려워진다.

이럴 때 단어 찾기에 집중하지 않고 잠시 한발 떨어져 있으면 단어가 저절로 떠오르기 마련이다. 단어 찾기가 수확 없이 흘러가면서 설단현상이 발생하면 정보 접근과 회상 과정에 실패한다는 인식만 강화될 뿐이다. 정답이 자연스레 떠오를 때까지 내버려 두는 편이 훨씬 효율적이다.

어쨌든 설단현상이 흥미로운 이유는 내가 찾는 단어에 대한 비언어적non-verbal 혹은 전언어적preverbal 지식은 확실히 있고 그 단어를 활용해 본 경험도 분명히 있는데 막상 그 단어가 생각이 안 난다는 것이다. 또 뇌의 부상이나 손상으로 인해 이차적인 언어 장애가 생긴 경우 실어증의 한 형태로 설단현상이 나타날 수 있다. 언어적 표현과 이해는 물론이고 의미 기억이 파괴되는 등 실어증은 다양한 양상으로 나타난다. 실어증 환자의 일부는 표현 언어에 문제가 있어도 의미는 정확히 알고 있으며 말로 내뱉진 못해도 머릿속으론 완벽하게 대상을 떠올린다.

노화가 진행되면 어쩔 수 없이 피부, 시력, 민첩성뿐만 아니라 뇌 기능도 함께 늙는다. 이런 변화는 질병 때문에 생기는 변화와는 달리 우리가 하루하루 살아가는 데 지속적이거나 심각한 영향을 주지 않는다. 그저 자연스러운 노화의 결과일 뿐이다. 나이가 들수록 정보에 접근하고 회상하는 능력이 떨어지는 것도 역시나 질병은 아니지만, 노화라는 가혹한 과정을 피하지 못해 생기는 당연한 현상이다. 설단현상을 비롯하여 무언가를 깜빡깜빡 잊어버리는 증상은 나중에 진짜 기억 상실증은 아니었던 걸로 밝혀지겠지만 늙어 가면서 더 자주 겪을 수밖에 없는 일이다.

기억 접근과 회상 과정은 반드시 전두엽의 특정 영역과 연관된 과정이다. 따라서 기억 접근과 회상은 전두엽의 여러 기능 중 하나다. 전두엽은 질병이 생긴 게 아니더라도 이런저런 영향으로 손상을 입기 쉬운 아주 예민한 기능을 갖고 있다. 예를 들어 수면 부족, 스트레스, 불안, 신체적 불편함, 배고픔 등의 변수가 생기면 전두엽이 핵심 기능을 하는 과정에 문제가 발생하고, 기억에 접근하고 회상하는 것이 더 자주 어렵게 느껴질 수 있다. 이처럼 심각하게 기억력이 감퇴하고 개념을 망각하고 사람이나 사물의 이름을 전혀 떠올리지 못하는 것이 아닌 가벼운 증상이라면 무언가를 생각해 내는 데 시간이 조금 지체되는 것뿐이다. 질병에 걸린 경우엔 아무리 노력한들 '연필' 혹은 '해야 할 일' 같은 표현을 절대로 떠올릴 수 없지만 가벼운 증상일 땐 결국 단어를 알아낼 수 있고 힌트가 있건 없건 잊었다고 생각했던 것이 나중에 불현듯 떠오른다.

하지만 사물의 이름을 떠올리는 능력이나 대상의 의미에 접근하는 능력이 점진적으로 감퇴하는 것은 안타깝게도 신경 퇴행 과정이다. 이 과정은 언어 장애가 서서히 시작되는 것이 주요 특징이다. 단어들이 자꾸 안 떠오르는 현상은 대부분 아주 가볍고 일시적인 증상이지만 어떤 대상의 명칭을 떠올리거나 의미를 이해하기 어려운 문제가 지속적으로 분명하게 확인된다면 원발성진행성실어증primary progressive aphasia이라는 병의 초기 증상이거나 알츠하이머가 발현된 것일 수도 있다. 이런 경우 일반적으로 환자 본인이나 가족이 거의 혹은 전혀 알아채지 못할 만한 다른 증상도 함께 나타난다. 병의 초기 단계에서는 그 증상이 뚜렷하지 않아도 다행히 신경심리학적 검사를 통해 비교적 쉽게 발견할 수 있다.

　내 책《망가진 뇌Cerebros rotos》의 '존재하지 않는 단어Cacarataca' 장에서도 언급한 내용인데, 최근 들어 전보다 단어를 떠올리기가 어렵다는 느낌을 자주 받는다며 불만을 토로하는 여성을 만났다. 처음 만나서 얘기를 나누는 동안은 그녀의 뇌에 뭔가 심각한 문제가 있다는 단서를 딱히 찾지 못했다. 하지만 신경심리학적 검사를 하는 동안 그녀에게 여러 가지 사물을 차례로 보여 주면서 이름을 떠올려 보라고 했을 때는 분명히 문제가 있어 보였고 병이 아니라고 부정할 수 없는 상태였다. MRI 검사를 해 보니 왼쪽 측두엽의 가장 앞부분에 분명한 뇌 위축, 즉 뇌 크기의 감소가 확인됐다. 몇 달 후에는 단어를 떠올리는 능력이 저하되었을 뿐만 아니라 의자와 테이블 같은 단어나 개념 사이에 어떤 의미론적 관련이 있는지 이해하지 못하는 문제도 추가로 생겼다. 신경

영상 검사neuroimaging test 결과도 그렇고 그녀가 보이는 증상들은 단어의 의미를 이해하지 못하는 원발성진행성실어증일 가능성이 컸다. 원발성진행성실어증은 전두측두엽퇴행frontotemporal lobar degeneration으로 분류되는 신경 퇴행 질환의 일종으로 전두측두엽이 손상을 입으면서 언어가 붕괴하는 증상 등 여러 징후가 나타나는데, 그중에서도 단어를 떠올리는 능력이 서서히 저하된다.

가끔가다 단어를 깜빡하는 정도라면 다른 특별한 증상이 없는 경우 질병이라고 보기 어렵다. 하지만 전두엽 기능은 외부 요인에 의해 부분적으로 손상되기 쉬운 특징이 있고 겉으론 잘 드러나지 않기 때문에 전두엽 기능을 숨어서 공격하는 요인이 있는지, 치료는 가능한지 관찰하는 것을 적극 권장한다.

3장

내 기억과
다른데!

1981년 2월 23일 저녁 6시 23분경, 스페인 총리 선거가 한창이던 중, 안토니오 테헤로Antonio Tejero 중령이 치안경비대를 이끌고 하원 의사당을 무력으로 장악한 역사적인 쿠데타가 발발했다.

테헤로 중령의 얼굴, 그가 썼던 삼각모, 높이 들어 올린 손과 반대 손에 쥔 권총, 그가 남긴 명대사인 "전부 닥쳐!" 등 그 사건 하면 다들 떠올리는 상징적인 장면들이 있다.

내가 태어나기 4개월 전에 일어난 일이라 난 그 쿠데타를 기억할 수가 없다. 그 후에 태어난 세대들도 역사책에서만 이 사건을 접했다. 하지만 우리 부모님과 조부모님 세대는 그 결정적인 순간을 목격한 사람들이다.

당시 사람들은 TV에서 혹은 직접 쿠데타를 보았기 때문에 위에서 말한 상징적이고 역사적인 장면들을 굉장히 생생하고 선명하게 기억한다. 놀라운 점은 많은 사람의 기억 속에 그 장면이 남아 있지만 실제로 TV에서 쿠데타 장면이 생중계된 적은 없다는 것이다. 그럼 모두들 대체 어떻게 기억하는 것일까? 이상하게 들릴 수 있지만 기억의 왜곡 때문이다. 사람들이 쿠데타에 관한 잘못된 기억을 만들어 내면서 다수의 머릿속에 그 장면이 남게 된 것이다.

과거의 사건을 완전히 다른 이야기로 각색한다는 건 뇌에 심각한 문제가 있을 때나 할 법한 일처럼 보인다. 하지만 기억의 조작과 왜곡은 정상적인 현상일뿐만 아니라 끊임없이 일어난다. 기억 왜곡의 종류는 아주아주 다양하다. 그중 하나는 터무니없을 정도로 기억이 조작돼서 인생에 지대한 영향을 미치는 작화증 confabulation이다. 작화증은 뇌에 돌이킬 수 없는 부상이나 손상이 발생했다는 증거다. 어쨌든 분명한 건 우리는 실제로 일어난 일을 사실과 다르게 기억하므로 대부분의 기억은 어느 정도 가짜라는 것이다.

앞 장에서 들었던 옷장 비유는 사실 너무 단순하다는 문제가 있다. 어떤 정보를 기억하려 할 때 그 정보가 기억을 변형하는 특징을 가질 수도 있다는 점을 고려하지 않은 비유이기 때문이다.

기억은 우리 뇌 속 어딘가의 옷장이나 창고 같은 곳에 저장된 사진이 아니다. 우리는 양말을 사진의 형태로 기억 속에 저장하지 않는다. 외부 정보가 기억의 형태로 머릿속에 저장되려면 암호화 과정을 거쳐야 한다. 외부의 정보는 어떤 방식으로든 뇌가 처리할 수 있는 언어, 즉 뇌에서 사용되는 암호로 변환되어야 한다는 뜻이다. 외부에서 일어난 사건이 암호화를 거치고 나면 뇌가 처리할 수 있는 시냅스 묶음이 된다. 컴퓨터의 이진법처럼 화면으로 보이는 아름다운 풍경 사진이 사실은 0과 1으로만 이루어져 있는 것과 비슷하다고 보면 된다. 그래서 기억이 암호라면 이 암호는 이미지든 단어든 개념이든 우리가 인식할 수 있는 현실의 무언가로 보이도록 다시 변환되어야 한다.

공상 과학 영화에서 흔히 등장하는 소재로 순간 이동이 있다. 순간 이동 장치에 들어가면 다른 장소에 갈 수 있다. 순간 이동 장치가 하필이면 그 출발지와 도착지에 설치되어 있는 게 조금은 뜬금없지만 말이다. 어쨌든 누군가가 장치에 들어가면 빛이 뿜어져 나오면서 굉음이 들리고 그 사람이 갑자기 수천 킬로미터 떨어진 곳에 있는 다른 장치에서 나타난다. 순간 이동에 성공한 것이다. 순간 이동 장치에 들어가면 육체가 다른 공간으로 이동할 수 있는 무언가로 바뀌었다가 다른 기계에 도착하면 원래 육체로 돌아온다는 놀라운 아이디어다. 그렇다면 순간 이동이 시작될 때 또는 원래 육체로 돌아오는 중에 문제가 생기면 원래 모습과 비슷하지만 어딘가 이상하고 낯선 몸으로 바뀔지도 모른다는 상상을 해 볼 수도 있겠다.

실제로 이런 일이 일어날 수는 없다. 하지만 우리의 기억이 나도 모르는 사이 수시로 바뀌는 이유를 간단히 설명하기에는 좋은 예시다. 사진 저장 창고에 직접 가서 기억을 꺼내는 것이 아니라 수천 개의 시냅스가 우리가 떠올리는 기억의 형태로 변환되기 때문에 오류도 많고 완벽하게 복원되기엔 제약이 있는 듯하다. 기억의 조작은 예견된 오류지만 그 조작된 기억이 우리에게 남은 유일한 기억이기에 그것이 우리가 경험한 진짜라고 믿는다. 다시 말해 우리 기억 속엔 원본 사진이 없으므로 기억 속에 있는 무언가를 실제라고 철석같이 믿는 것이다. 물론 기억을 실제와 비교할 일이 생기면 내 기억이 사실과 달랐다는 걸 알 수 있다. 예컨대 우리가 나름대로 기억했던 사진이나 풍경을 다시 보면 '내 기억과 다르다'는 것을 깨닫고 놀란다. 같은 일을 겪은 다른 사람을 만나서 얘기를 하다 보면 서로 기억이 달라서 놀라기도 한다.

현재 우리가 인간 심리의 작동 방식을 탐구하기 위해 사용하는 인지 모델은 20세기 말에서 21세기 초에 널리 전파되었다. 하지만 그보다 이전에 영국의 심리학자 프레더릭 찰스 바틀릿Frederic Charles Bartlett은 기억의 변형과 조작에 지대한 영향을 미치는 일련의 현상을 실험으로 확인했다.

바틀릿은 '유령들의 전쟁'이라는 민담을 가지고 사람들이 자신의 기억 장치에 들어온 이야기를 저장하고 재구성하는 방식과 이 과정에서 문화와 종교가 미치는 영향을 살펴보았다. 바틀릿의 피실험자들은 큰 소리로 낭독되는 '유령들의 전쟁' 이야기를 다 같이 들었다. 유령 이야기는 형식과 내용이 어딘가 이상하기도 했고 피실험자들에겐 익숙하지 않은 문화적 요소들이 포함되어 있었다. 피실험자들은 이후 각기 다른 시기에 이야기의 내용을 회상하는 과제를 수행했다.

바틀릿의 실험에서 가장 흥미로웠던 건 피실험자들의 회상 시기는 각자 달랐어도 대부분 비슷한 방식으로 이야기의 내용을 빠뜨리거나 변형했다는 점이다. 피실험자들은 특히 자신의 사전 지식에 반하거나 자신이 속한 문화적 환경을 기반으로 예측한 것과 다른 내용은 기억에서 삭제했다. 심지어 자신의 문화와 종교에 부합하는 방향으로 이야기 전체를 재구성하기도 했다.

지금까지 이루어진 기억에 관한 실험은 아주 많지만 특히 바틀릿의 실험은 기억이 사진을 찍듯 정보에 접근하고 재생하는 단순한 과정이 아니라 능동적이고 역동적인 방식으로 재구성하는 과정이라는 것을 우아하게 보여 주었다.

뒤에서도 설명하겠지만 뇌는 끊임없이 일을 수월하게 할 요령을 찾는다. 이를테면 자극을 인식하거나 무언가를 기억하려 할 때 말이다. 특히 기억 과정, 즉 시냅스 속에 엉킨 퍼즐 조각을 재구성하는 과정에서는 우리의 사전 지식을 비롯해 특정 상황에서 전개될 법한 가장 그럴싸한 시나리오를 활용한다. 절반 정도 완성된 그림 속의 점들을 잇기 위해 힌트를 사용하는 것과 비슷하다. 그 힌트를 써서 내가 생각하는 현실과 일치하면서도 그럴듯한 내용을 넣어 최종 결과물을 얻는다. 그렇기에 동물원에서 봤던 동물의 모습을 다시 떠올려 볼 때 날개 달린 분홍색 코끼리를 '창조'해 낼 가능성은 매우 적다. 만약 그런 코끼리를 떠올린다 해도 당연히 실제로 그런 동물을 본 적이 없다는 걸 분명히 알고 있다.

뇌가 지극히 정상적인 상태임에도 기억을 다소 조작할 수 있는 변수들은 분명 존재한다. 바틀릿이 유령 이야기 실험에서 보여 준 것처럼 내용의 특징 자체가 기억을 조작하는 데 한몫할 수도 있다. 어떤 경험이 아주 기묘하거나 개인적 또는 문화적 관점에서 이해하기 어려운 내용이라면 조작되기가 더 쉽다. 하지만 내용의 특징을 떠나서 저장하려는 기억의 품질도 기억의 왜곡에 지대한 영향을 미친다. 어떤 이유로 초반 암호화 과정에서 간섭이 발생하거나 암호화가 제대로 이루어지지 않으면 저장하려는 정보의 품질이 떨어져서 결국 기억 과정에서 조작이 발생한다.

심리적 요인 때문에 현재 진행 중인 사건에 집중을 못한 나머지 암호화 과정이 제대로 진행되지 않을 때도 기억 과정에 문제가 생긴다. 트라우마를 일으킬 만큼 충격적인 사건을 겪고 나면 기억이 일부 변형되거나 심지어는 조작되며, 몸이 피곤하거나 과음 탓에 집중력이 많이 떨어지면 기억이 왜곡될 가능성이 더 크다. 이런 경우 무슨 일이 있었는지 전혀 기억하지 못하는 기억 상실 증상이 나타날 수도 있고, 기억하려고 하는 장면에 개연성을 부여하는 요소를 추가하여 기억의 공백을 '메우는' 현상도 생길 수 있다. 예상했겠지만 이러한 기억의 실패는 경찰 조사나 피해자 진술과 같은 특정 상황에서는 아주 치명적으로 작용한다.

감정적으로 강렬한 경험을 하면 위와 반대로 기억의 품질이 아주 좋아지기도 한다. 다시 말하면 너무나 인상 깊은 감정적 경험은 절대 파괴되지 않고 지울 수 없는 기억으로 남는다. 2001년 9·11 테러나 2004년 3월 11일 마드리드 열차 폭탄 테러를 TV로 본 대다수의 사람들은 그때 자신이 어디에 있었는지, 누구와 함께였는지, 테러의 첫 장면을 볼 때 무엇을 하고 있었는지 똑똑히 기억한다. 그런데 당시 거실 소파의 색깔이나 자신과 일행이 입고 있었던 옷이 무엇인지는 아무리 정확하게 기억하고 있다고 확신하더라도 조작된 정보임이 분명하다.

우리의 기억, 즉 지식은 머릿속에 상상의 세계를 구축한다. 이렇게 저장된 조각들 덕에 우리는 현실의 장소를 배경으로 환상적인 이야기를 만들기도 하고, 미래에 가고 싶은 곳으로의 여행을 그리기도 한다. 이런 기억의 조각, 즉 저장된 지식이 없다면 상상의 나래를 펼치기 위한 장면들을 생각해 낼 수가 없다. 우리 머릿속에 있는 환상의 세계 혹은 실제로는 해 보지 않은 데이트의 장면은 마치 기억 속에 저장된 장면처럼 생생하게 재생된다. 기억이 왜곡되는 또 다른 이유를 이해하려면 꼭 알아야 하는 부분이다. 인간의 뇌는 어떻게 상상으로 만든 장면과 우리가 실제로 경험한 일의 장면을 구분할 수 있을까? 둘을 구분할 수 있도록 해 주는 과정이 분명히 있고, 이 과정은 아주 작은 오류에도 민감하게 반응한다. 내가 기억하는 일이 직접 겪은 건지, 꿈을 꾼 건지, 전해 들은 얘기인지 헷갈리는 경우가 꽤 있기 때문이다.

머릿속에서 만들어진 허구의 이미지는 그것이 가짜인지 아닌지 빠르게 알아챌 수 있는 힌트를 주지 않는다. 실제 기억 또한 '내가 진짜야'라고 알려 주지 않는다. 신경심리학과 인지과학에서는 인간의 뇌가 올바르게 작동하게끔 하는 필수 과정을 모니터링이라고 부른다. 뒤에서 더 깊게 다룰 예정이지만 모니터링이라는 건 우리가 하는 일과 우리에게 벌어지는 일을 무의식 수준에서 끊임없이 판단해 주는 감독 같은 개념이다.

신경 인지 모델에서는 우리가 저장한 기억의 출처를 모니터링하는 과정이 존재한다고 가정한다. 머릿속에 그려지는 이 장면들이 어디서 나타난 건지, 대체 어디까지가 진짜 겪은 일인지, 들은 얘기인지 아니면 꿈에서 본 건지 판별할 때 감독 역할을 하는 무언가가 있다는 뜻이다. 그 감독이 기억 속에 있는 어떤 요소를 선택해서 우리 머리에 떠오르는 장면의 출처로 정한다. 혼자 상상한 건지 출처가 내부인 경우 친구가 말해 준 건지 출처가 외부인 경우 아니면 직접 겪은 일인지 말이다. 출처를 정하는 과정은 내 의지와는 상관없이 진행된다. 실제인지 허구인지 판단하기 위해 기억을 구성하는 요소를 의도적으로 분석하는 것과는 다르다.

기억의 출처를 분석하는 과정이 매우 비효율적으로 진행되면 무척이나 혼란스러워지는 상황이 생긴다. 바로 잠에서 깰 때다. 아마 방금 본 장면이 부분적으로 꿈인지 아니면 전부 꿈인지 잘 구분되지 않는 상태로 잠에서 깨는 불쾌한 경험을 종종 해 봤을 것이다.

기억의 출처를 모니터링하는 과정에는 시간이 지나면서 오류가 더 자주 생긴다. 특정 기억을 덜 떠올리게 되고 그 일이 일어났던 상황에서 점점 멀어지기 때문이다. 예컨대 누군가 우리에게 말해 준 이야기, 즉 출처가 외부인 이야기가 시간이 흐르면 왜곡되어 나중에는 내가 그 일을 직접 겪었다고 착각할 수도 있다.

이런 오류가 있으니 수천 명이나 되는 사람들이 2월 23일의 쿠데타를 TV에서 생방송으로 똑똑히 봤다고 하는 것이 도대체 어떻게 가능한지 알 수 있다. 쿠데타 장면이 TV로 방송된 건 사건 발생 며칠 뒤였고 생방송으로 상황을 중계한 건 라디오 방송국인 카데나 세르Cadena SER였다. 시차를 두고 일어난 일들이 시간이 지나면서 뒤섞였고, TV 방송이 다른 기억이 존재하던 자리를 차지하면서 새로운 기억이 탄생한 것이다.

그래서 누가 실제로 어떤 일을 겪고 그 일을 나에게 들려줬는데, 나중에 둘의 기억이 다르다는 걸 알았을 때 누구 말이 맞는지 따지는 건 큰 의미가 없다. 기억의 특징을 생각해 봤을 땐 둘 다 실제 일어난 일을 잘못 기억하고 있을 테니 둘의 말이 다 일리가 있기 때문이다. 하지만 순수하게 꾸며 낸 이야기든 겉보기에 진짜처럼 보이는 내용이든 계속 가짜 기억을 만들어 내는 병리적 증상을 보이는 사람들의 경우는 또 다른 얘기다.

내 책《망가진 뇌》의 '처음으로 아빠가 되다'라는 장에서 등장하는 하비안이라는 환자는 전두엽에 넓게 퍼진 종양을 제거하는 수술을 했다. 그의 삶은 수술 전후로 완전히 바뀌고 말았다. 나와 처음 만났을 때 그는 무엇을 전공했으며, 전 직장은 어디고, 바르셀로나에 왜 왔고, 매일 무슨 일을 하는지 그리고 곧 아빠가 된다는 사실까지 아주 상세히 말했다. 그런데 신경심리학적 검사 결과를 살펴보니 하비안은 자신의 인생에 관한 질문을 받으면 자연스럽게 이야기를 꾸며 내는 아주 심각하고 희한한 기억 장애를 앓고 있었다. 그의 말 중 사실은 단 하나도 없었지만 거짓말이라고 할 수도 없었다. 나를 속이려고 꾸며 낸 이야기가 아니기 때문이다. 솔직한 거짓말이랄까. 그래도 감정이 깃든 경험은 다른 경험보다 특별하다. 그의 이야기 중 유일하게 사실이고 그가 정확하게 기억하는 것이 딱 하나 있었다. 바로 곧 아빠가 된다는 것이었다.

이렇게 기억을 조작하는 병리적인 증상은 베르니케-코르사코프증후군Wernike-Korsakoff syndrome의 한 형태다. 베르니케-코르사코프증후군은 영양 문제 등의 이유로 나타나기도 하지만 보통은 지속적인 알코올 섭취로 티아민비타민 B1이 눈에 띄게 부족할 때 이차적으로 발생하는 증상이다. 티아민 결핍만 있을 때는 잠재적으로 치료할 수 있지만, 베르니케-코르사코프증후군이 생기면 영구적인 손상으로 이어져 심각하고 지속적인 기억 문제가 다른 어떤 증세보다 두드러지게 나타난다. 뚜렷한 의식 장애는 없지만 아주 화려하게 이야기를 꾸며 내는 증세를 보인다.

수년 전에 이 증후군 때문에 신경과 병동에 입원한 환자를 진찰한 적이 있다. 그가 있었던 다인실의 창문으로는 병원의 일부 공간만 볼 수 있었는데 그에게 여기가 어딘지 아냐고 물으면 그는 아주 전형적인 환자복을 입고 침대에 앉아 창문을 보면서 침착하고 차분하게 말했다.

"당연히 알죠! 하바나잖아요! 여기서 휴가 보내고 있어요."

여기가 정확히 무슨 건물이며 내가 여기서 무슨 일을 하는지 또는 왜 바다가 안 보이는지 물어보면 그는 또 즉흥적으로 이야기를 지어냈다. 기억의 공백을 메우기 위해 앞서 꾸며 냈던 이야기에 개연성을 부여하는, 꽤 그럴듯한 이야기였다.

이 그림에는 실제로 삼각형이 없는데도 마치 삼각형이 있는 것처럼 보인다. 뇌는 우리에게 들어오는 시각적 정보를 완성하기 위해 이미 아는 지식을 활용한다.

기억의 공백, 즉 기억의 부재 현상을 유발하는 질병은 다양하다. 하지만 뇌가 손상되었든 아니든, 실제 경험을 정확히 재구성할 수는 없어도 머릿속에 아무것도 떠오르지 않기가 더 어렵다. 오히려 기억의 공백을 피하고 싶은 나머지 우리도 모르게 시각 자극들을 수집해서 머릿속에 있는 기억들 사이에 개연성을 부여하는 그럴싸한 이야기를 의도치 않게 지어내곤 한다.

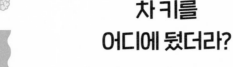

4장

차 키를
어디에 뒀더라?

 일상 속 신경심리학적 현상인 사소한 실수 때문에 우리가 불안, 불편, 심지어는 꽤 큰 분노를 느낀다는 건 당연하고 예상할 수 있는 일이다. 하지만 한편으로는 왜 그런 일이 생기는 건지 의아하다. 우리가 폭발 직전까지 가게 되는 상황이 여럿 있지만 그중에서도 차 열쇠가 있어야 할 곳에 없다거나 핸드폰을 찾지 못하는 순간이 최고로 꼽힐 것이다.

 사실 우리가 보는 세상은 가장 그럴듯한 시나리오로 일부 각색되었다. 무언가를 떠올릴 때 기억을 재구성하는 것처럼 우리가 관찰하는 외부 세계도 대부분 수정과 예측을 거친 환상이다.

 우리는 끊임없이 외부 세계에 노출된다. 이때 뇌는 외부의 일을 하나하나 분석하는 데 한정된 자원을 모두 투입할 수도 없고, 투입해서도 안 된다. 대신 사전에 축적된 지식을 동원해서 외부에서 일어날 가능성이 가장 큰 상황은 무엇일지 예측하면서 우리를 둘러싼 전체적인 환경을 재구성한다. 우리가 주변 환경을 해석하고 인식하는 데 항상 모든 인지 자원을 쏟아붓는 건 아니라는 말은 곧 우리가 예측할 수 없는 완전히 새로운 환경에 놓였을 때는 사전 정보가 없어서 주변 요소를 샅샅이 조사하느라 상당히 지친다는 뜻이다.

일상에서는 가구나 스위치가 어디 있는지 그다지 주의를 기울이지 않는다. 집 안 구석구석을 자유롭게 누비면서 별 생각 없이 할 일을 한다. 장을 보고 집에 돌아와서 물품들을 늘 두는 곳에 정리하는 모든 경로와 과정을 항상 의식하는가? 대중교통이나 차를 타고 출근하는 길을 항상 찾아보는가?

복잡한 과정을 자동화하고 습관으로 만드는 것은 인지 효율성 측면에서는 분명한 장점이 있다. 특정 행동을 할 때 인지 자원을 일부만 동원해도 되기 때문이다. 아침에 일어나서 차를 타고 운전해서 출근하기까지 모든 행동을 완전히 의식하고 통제해야 한다면 얼마나 힘겹고 지칠지 상상해 보라. 그렇다면 우리가 자발적인 통제 없이 수행할 수 있는 자동화된 행동은 얼마나 될까? 침대에서 일어나서 걸을 때의 몸짓과 자세, 이를 닦고 커피를 내려 마시고 옷을 입을 때의 몸짓과 자세 등등. 자동차 시동을 켜고 여느 때와 같은 도로, 사람, 다른 차들이 있는 동네를 운전할 때도 마찬가지다. 무슨 더 할 말이 있겠는가.

행동을 자동화한다는 것이 불가능해 보일 수도 있다. 하지만 과연 그럴까? 열쇠를 바구니에 두거나 휴대폰을 테이블 위에 올려놓는 행위는 어떤 순간에는 정말 아무런 주의를 기울이지 않고 이루어지는 자동적인 행동이다. 기억을 형성할 때 주의력이 하는 일을 다루었던 이전 장의 내용을 생각해 보면, 어떤 이유에서든 차 열쇠나 휴대폰을 원래 보관하던 곳에 두지 않았을 때 이 행동과 관련한 이미지나 기억이 형성되지 않는것을 예상할 수 있다.

다시 말해 주의를 기울이지 않으면 그 찰나는 뇌에 암호로 입력되지 않아서 기억에 남지 않는다. 결국 우리는 실제로 열쇠를 둔 곳이 아닌 평소에 자연스럽게 보관하던 곳에서 열쇠를 찾다가 그곳에 열쇠가 없다는 걸 깨닫지만 당최 어디로 간 건지 기억해 낼 수가 없다. 열쇠를 놓는 순간을 기억하지 않았기 때문이다.

이것이 바로 열쇠가 사라지는 경험의 핵심이지만 여기서 끝이 아니다. 우리는 외부 세계를 예측해서 바라보기 때문에 시야에 들어오는 시각적 요소 대부분은 뇌가 만들어 낸 창조물에 지나지 않는다 주의 시스템을 생각해 보자. 우리의 주의력은 선택적으로 작동하고 그런 주의력을 사로잡는 데 성공한 요소들만이 확실하게 인식

되고 저장될 수 있다. 따라서 제자리에 없는 물건을 찾을 때 바로 눈앞에 그 물건이 있는데도 지나치는 경우가 많다. 우리의 지각 체계가 그 물건이 거기 있을 것이라고 예상하거나 예측하지 않기 때문이다. 흥미로운 점이 하나 더 있다. 주의력에 과부하가 걸리면 '주의 깜박임' 현상이 발생하면서 순간적으로 '보지 못하게' 된다.

이게 무슨 말일까? 우리가 선택적으로 특정 자극에 집중하면 주의 시스템에서 다른 자극을 처리할 수 있는 용량은 극히 제한된다. 이러한 현상을 잘 설명하는 유명한 실험이 있다. 바로 1999년 대니얼 사이먼스Daniel Simons와 크리스토퍼 차브리스Christopher Chabris가 실시한 '보이지 않는 고릴라' 실험이다. 피실험자들은 한 영상을 보고 사람들이 농구공을 몇 번 패스했는지 세어 보라는 과제를 받는다. 영상을 다 보고 횟수를 물어보면 참가자들은 어렵지 않게 정답을 맞힌다. 하지만 이어서 공을 주고받는 사람들 사이로 고릴라 분장을 한 사람이 지나가는 것을 보았냐고 물어보면 놀랍게도 대부분이 보지 못했다고 답한다.

고릴라를 보지 못한 것은 주의력이 특정 과제에 집중적으로 투입된 결과였다. 콘서트에 늦겠다며 신을 저주하고 남편을 탓함과 동시에 차 열쇠를 찾느라 절규하며 방을 뒤지는 행동은 제법 까다로운 인지 과정인데, 여기에 몰두해 있다면 주의력에 과부하가 걸려서 어제 사서 테이블에 둔 책 위에 차 열쇠가 있다는 것을 발견하지 못할 것이다.

더욱이 이처럼 스트레스, 압박감, 불편함을 느낄 때는 기억 장치에 저장된 정보를 재생하는 과정에 문제가 생기거나 효율적으로 진행되지 않는다. 우리의 행동은 자동화되었기 때문에 차 열쇠를 둔 장소는 기억 장치에 저장되지 않았을 것이며 설상가상으로 스트레스 상황에서는 정보를 복구하는 데 차질이 생긴다. 결과적으로 아무리 찾아봐도 빌어먹을 차 열쇠를 어디에 두었는지 도저히 알 수가 없다.

반대로 이런 상황은 자동화, 즉 반복적인 행위의 영향을 많이 받기 때문에 집에 도착해서 열쇠를 찾는 습관적인 행동을 거꾸로 되짚어 보면 '열쇠가 사라진' 순간이 언제인지 알아차리는 데 효과가 있다.

일상에서 당연한 것을 잊어버리면 상담이 필요한 건 아닌지 걱정이 된다. 이때 습관적인 행동의 자동화, 주의력 저하, 기억 장치 미작동 사이의 관계를 짚어 보는 것이 도움이 된다. 예를 들어 일이나 운전 같은 반복적인 작업을 할 때 새로운 정보가 주어지면 그 정보는 대충 처리되고 결국 정보 자체를 기억하지 못하거나 정보 중 무엇이 맞고 틀렸는지 정확히 기억해 내기 어렵다. 현관문을 제대로 잠갔는지 기억하지 못하는 것이 전형적인 예다.

매일 하는 일이지만 그다지 주의를 기울이지 않기 때문에 어느 날 문을 잘 잠갔는지 기억이 나지 않아도 필요한 정보를 불러올 수가 없다. 하지만 안타깝게도 이 때문에 여름에 끔찍한 일이 발생하기도 하는데, 바로 부모가 차 안에 어린이, 특히 아기를 두고 내렸을 때 고온으로 사망하는 경우다. 이와 같은 사건이 뉴스에 나오면 엄마나 아빠가 일부러 그랬다거나 타고나길 나쁜 부모라면서 마구 공격하고 힐난한다. 하지만 스트레스 상황에서 일상적인 과제를 수행할 때 주의력과 기억 장치가 작동하는 방식을 생각해 본다면 사실은 우리 누구에게나 생길 수 있는 일이다. 부모는 평생 자책하겠지만 중요한 것은 부모가 정말 나쁜 사람인지가 아니라 그에게 쌓인 피로의 무게는 얼마만큼인지, 그 무게가 어쩌다 이런 비극적인 결과를 낳았는지, 왜 우리가 이렇게 정신없이 살고 있는지를 따져 보아야 한다.

5장

어디선가 봤던
장면인데

지금 이 상황을 꼭 과거에 겪어 본 것 같은 느낌. 겪어 본 사람도, 궁금해 하는 사람도 많은 이 현상에 대해 여러 질문과 답이 오가지만 만약 과거에 경험했을 리가 만무한 일이라면 당사자가 느낀 그 친숙함은 분명 가짜다. 데자뷔déjà vu라고 알려진 이 현상의 이름은 프랑스어로 '이미 보았다'는 뜻이다. 데자뷔 현상은 비교적 흔히 발생하지만 주기적으로 겪는 게 아니라면 질병은 아니다. 보통은 지금 이 상황을 이전에 본 것 같은 기시감이 들 때 데자뷔라고 하지만 데자déjà, 이미-옮긴이 현상은 이것 말고도 다양하다. 이론적으로 이런 경험은 기억착오paramnesia, 더 자세히는 인지 과정에서 생기는 기억착오의 종류 중 하나다.

데자 현상을 조금 더 자세히 살펴보자. 과학계의 입장과는 좀 다르지만 데자 현상이 예언 비슷한 것이며 심지어는 전생이 있다는 증거라는 주장도 아주 이해가 안 되는 것은 아니다. 그러나 애석하게도 겉보기에 과학적으로 설명이 안 되는 다른 현상들처럼 데자 현상도 마법은 아니다. 오히려 나에겐 이런 이상한 현상을 유발하는 정확한 신경 및 인지 과정의 원인을 알아내는 것이 훨씬 마법 같은 일이다.

과학적 합의가 이루어지진 않았지만 보통 우리가 데자뷔라 뭉뚱그려 일컫는 다양한 현상은 특징에 따라 여러 용어로 나눠 부르기도 한다. 우선 데자베쿠déjà vécu가 대표적이다. 데자뷔와 비슷하지만 훨씬 더 강렬하고 자세한 경험을 한다는 것이 특징이다. 그 순간을 이미 겪어 봤다는 느낌이 들 뿐만 아니라 그때의 기분, 감정, 생각까지 떠오르는 현상이다. 데자센티déjà senti는 비슷한 상황과 관련된 특정 감정을 이미 느껴 본 듯한 현상이며 데자비지테déjà visité는 어떤 장소를 과거에 물리적으로 방문해 본 것 같은 느낌, 마지막으로 데자엔텐두déjà entendu는 어떤 대화를 과거에 이미 들어 본 것 같은 느낌이 드는 현상이다.

어찌 됐든, 말이든 대화든 장소든 기분이든 경험이든 감정이든 지금 일어나는 일에 친숙함을 느끼는 것이 이 현상들의 공통점이다. 건강한 사람의 90% 정도가 경험하며 나이가 들수록 빈도가 낮아진다고 한다. 과학계에서는 다양한 이론에 기반해 기시감을 설명하는 모델을 제시해 왔다. 심지어는 실험으로 데자뷔와 비슷한 현상을 인위적으로 유도할 수도 있다. 데자뷔 현상이 발생하는 이유를 부분적으로 설명하는 자료는 많은데, 특히 데자뷔 현상이 신경계와 밀접한 관련이 있다는 증거가 있다. 바로 데자뷔 현상이 생각보다 자주 발생하고 지속 시간이 길면 뇌전증의 종류 중 하나인 측두엽뇌전증을 의심해 볼 수 있다는 것이다.

보통 뇌전증이라고 하면 바닥에 누워 몸을 비틀고 입에는 거품을 물면서 심한 경련을 일으키는 장면을 떠올린다. 하지만 뇌전증 환자의 혀가 말릴 일은 절대 없으니 이런 오해에서는 벗어나야 한다. 뇌전증 증세를 보이는 환자를 만났을 때 진짜로 우리가 해야 할 일은 이렇다. 우선 환자가 안정적인 자세를 취할 수 있도록 돕고 주변에 푹신한 물체를 찾아 환자가 외부의 충격을 받지 않도록 보호한다. 그리고 환자를 결박하지 않고 몇 초 내에 증세에서 벗어나기를 기다린다. 뇌전증은 뇌의 특정 부분에서 일어나는 신경 이상 증상이지만 광범위한 영역으로 퍼질 수도 있다. 신경 이상이 발생하는 영역에 따라 뇌전증의 양상은 매우 달라진다. 자세와 움직임을 제어하고 조절하는 뇌의 영역에 문제가 생긴 경우 강직간대발작이라고 알려진 비자발적 경련이 나타난다. 하지만 신체의 움직임이 아닌 다른 부분을 관장하는 뇌의 영역에서 이상 패턴이 나타나면 완전히 다른 양상의 뇌전증으로 이어진다. 예를 들어 시각을 관장하는 영역에 이상이 생기면 섬광을 보게 되며, 변연계에 문제가 생기면 공포감을 느낄 수도 있다.

내측두엽과 기억이 아주 긴밀한 관계에 있다 보니 측두엽뇌전증에 걸리면 기억과 관련된 증상이 나타나기 전, 중, 후에 잘못된 기억을 마구 생성하거나, 경험한 일을 잊거나, 과잉친숙 현상 또는 데자뷔 현상을 겪는 경우가 많다. 다시 말해 데자뷔 현상이 발생하려면 기억과 관련된 구조나 과정에 순간적으로 어떤 문제가 생겨야 한다. 하지만 기억 문제가 유일한 원인이었다면 내측두엽의 오작동으로 인한 다른 질환에서도 데자뷔 현상이 나타났을 것이다. 그래서 과학자들은 기억 문제 말고도 다른 원인이 있다고 본다. 어쨌든 측두엽에 아주 작은 오류가 발생하면 정상적인 뇌라도 데자뷔 현상을 겪을 수 있다.

데자뷔 현상의 원인에 관한 또 다른 가설의 바탕으로는 뇌는 외부의 정보와 이미 저장된 정보를 끊임없이 처리하고 갱신한다는 것이 있다. 우리의 의식은 현재를 '스쳐 가는 순간'이라는 하나의 단위로 인식한다. 그런데 현재 순간을 경험하는 것은 뇌의 여러 부위에 걸친 데이터 수천 개가 동시에 작동한 결과다. 그래서 우리가 현재를 인식하고 경험하는 와중에 지금 이 순간을 구성하는 모든 연결 고리가 난데없이 해체되면 데자뷔 현상이 발생할 수 있다. 정보를 저장하는 구조_{지금 내가 겪고 있는 것}와 시각 정보를 처리하는 구조_{지금 내가 보고 있는 것}의 연결이 끊어지면 보고 있는 것과 경험하고 있는 것 사이에 디커플링 현상이 발생해 그 장면을 이미 겪어 본 듯한 착각을 불러일으킨다.

시각적 정보를 처리하고 인식하는 과정에 오류가 생겨 데자뷔를 겪을 수도 있다. 정상적인 상태에서 정보는 딱 한 번 처리되지만 어쩌다 하나의 자극 혹은 하나의 사건이 두 번 처리되는 오류가 생기면서 이미 겪어 본 일 같다는 느낌을 받기도 한다. 어떤 장면을 익숙하게 느끼는 것은 뇌가 어떤 식으로든 특정 기억에 친숙함이라는 특성을 부여한 결과라는 점이 중요하다. 그래서 우리가 어떤 상황은 낯설고 어떤 상황은 친숙하게 느끼는 것이다. 뇌는 넘겨짚는 습성이 있어서 어떤 장소나 얼굴을 보고 무언가 혹은 누군가가 떠오르거나 그것과 닮았다는 느낌이 들기만 하면 낯이 익다고 느낀다. 무엇과 닮아서 느끼는 친숙함이 데자뷔는 아니지만 데자뷔가 때로는 뇌가 경험하지 않은 일과 경험한 일에 친숙함이라는 속성을 부여하느냐 마느냐에 따른 결과로 발생한다는 가정을 해 볼 수 있다. 이런 식으로 데자뷔뿐만 아니라 실제로 겪은 일인데도 그런 적이 없다고 착각하는 반대 현상까지 설명할 수 있다.

마지막 가설은 뇌의 시간 처리 방식과 우리가 시간 흐름을 경험하는 방식에 관한 것이다. 누구나 시간을 지각하지만, 시간의 흐름을 느끼는 정확한 과정이나 원리는 극히 일부분만 밝혀졌다. 그럼에도 따분함과 같은 이유로 시간을 다르게 느낄 수 있다는 건 분명하다. 주민 센터에 서류를 떼러 가서 기다리는 1시간과 친구들과 저녁을 먹으며 보내는 1시간은 절대로 같지 않다는 걸 누구도 부정할 수 없다.

현재든 과거든 우리의 모든 경험은 지금, 며칠 전, 몇 년 전 등 시간적 정보를 담고 있다. 그래서 현재를 파악하는 감각이 사라지면 일 년 내에 겪은 일이 아닌데 그렇다고 주장하거나 결혼 생활 기간을 실제보다 훨씬 짧게 인식하는 등 지남력 상실이 발생한다. 이렇게 명백히 병리적인 상태가 아니더라도 어떤 상황이 발생한 시간적 정보를 갱신하고 무엇이 언제 일어났는지 인식하는 과정에 작은 결함이 생기면 이미 겪은 일이라는 느낌을 받게 된다.

얼마 전 진행성핵상마비라는 신경 퇴행 질환을 앓고 있는 환자를 시간대별로 관찰한 적이 있다. 진행성핵상마비는 파킨슨증후군과 유사하게 운동 이상 증상을 초래할뿐더러 눈에 띄지 않는 점진적 인지 장애도 유발해 정신 기능에 영향을 미친다. 내가 만났던 환자는 자신과 항상 동행했던 보호자를 모르는 사람이라고 생각했다. 보호자는 평생을 같이 살아온 그의 부인이었다. 병이 진행되는 동안 환자는 그녀에게 청혼을 하기도 했다. 그녀를 아주 오래전부터 알았으니, 그녀야말로 인생의 동반자라고 느꼈기 때문이다. 부인과 함께 쌓은 추억을 떠올리지도, 부인을 알아보지도 못했지만 함께 있는 시간이 너무나 행복하고 익숙했기에 청혼까지 하게 된 것이다. 당연히 부인은 다시 한번 그의 청혼을 수락했다.

뭐 하려고 했는지
기억나질 않아

우리 상담 센터를 방문하는 사람들은 대개 내 앞에 앉아서 자신이 여기까지 왜 오게 된 건지 상당히 구체적으로 설명한다. 첫 소개를 마친 뒤에는 대화를 시작하는데, 그때 나는 내담자의 문제가 무엇인지 그리고 가장 적절한 평가 과정을 정하는 틀을 잡기 위한 정보를 수집한다. 대화의 핵심은 내담자가 본인의 경험을 최대한 자세히 말하도록 이끌어서 기억력이 떨어졌다는 주관적인 느낌이 들었던 상황을 파악하는 것이다.

내담자가 나에게 경험을 이야기하는 방식만 보아도 내담자에게 어떤 증상이 있는지 꽤 정확히 알 수 있다. 대략의 진단을 내릴 수 있을 뿐만 아니라 그리 심각한 문제가 아니란 것까지도 파

6장 ‖ 뭐 하려고 했는지 기억나질 않아

67

악할 수 있다.

　나는 내담자가 문제가 있다고 느낀 순간이 얼마나 자주 있었고 문제의 양상이나 특징이 어땠는지 들으며 '기억력이 나빠졌다'는 내담자의 생각이 어디서 비롯된 건지 정리하고 이해하는 데 집중한다. 그러다 보면 내담자가 너무 걱정된 나머지 상담 센터까지 찾아오게 만든 일들이 사실은 별것 아니고 누구나 한 번쯤은 겪어 본 일인 데다 특정한 조건에서는 더 자주 일어날 법한 일이란 걸 눈치채곤 한다. 분명히 할 일이 있었는데 뭘 하려고 했는지 까먹는 것은 흔한 증상 중 하나다. 예컨대 주방에 오긴 왔는데 뭘 찾으려고 했는지 도통 기억이 나지 않는 것이다.

　보통 이런 경우는 자연스럽게 어떤 결론이 날지 예측할 수 있다. 하려던 일이나 찾으려던 물건이 무엇인지 조금 있으면 번뜩 떠오른다. 하지만 가끔은 왜 주방에 왔는지 당최 기억나지 않아서 '멍'해질 때도 있다. 이런 현상은 기억의 종류 또는 미래 계획 기억이라 불리는 기억 시스템과 관련이 있다. 또한 앞에서 다루었던 다른 일시적 기억 장애들처럼 극히 가벼운 증상이고 주의력에 의해 좌우된다는 특징이 있다.

　미래 계획 기억은 '마트를 지날 일이 있으면 우유를 사야 해'라고 생각하는 것처럼 앞으로 해야 할 일을 잊지 않고 수행하도록 하는 기억이다. 우리는 별다른 노력을 들이지 않고 습관적으로 미래 계획 기억을 사용한다. 하지만 나에게 미래 계획 기억은 정상적인 인간의 뇌와 정신이 만드는 아주 흥미로운 과정 중하나다. 인간은 단기, 중기, 장기에 상관없이 미래에 대한 '계획'을 머릿속으로 세운다. '내일 7시에 치과 예약이 있어'라든가 '두 시간 뒤에 항생제를 먹어야 해'라는 생각을 하는 것처럼 말이다. 지금은 핸드폰 달력처럼 일정을 세울 때 활용할 수 있는 자원이 어마어마하게 많지만 보통 머릿속으로 떠올리는 일정은 따로 적어 두지 않고 우리의 기억 속 노트에 저장한다. 그러고는 기억속 노트의 내용을 잊고 있다가 다음날 7시가 되거나 두 시간이 지나면 갑자기 그 일정이 생각나면서 할 일을 하게 된다. 놀랍기그지없다.

인간은 음운 고리를 활용해서 단기 기억 정보가 의식에서 사라지지 않고 또렷해지도록 만들 수 있다. 음운 고리란 잊고 싶지 않은 내용을 속으로 되뇌는 것이다. 종이와 펜을 찾아서 적기 전까지 어떤 전화번호를 계속 속으로 읊는 것이 음운 고리의 예다. 속으로 암송하는 것 대신 머릿속에 이미지를 그리는 시공간 그림판을 이용해서 생생한 기억을 만들 수도 있다. 하지만 따지고 보면 우린 기억하기 위한 노력을 하기는커녕 사실상 할 일을 까먹는 편에 가깝다. 7시 치과 예약을 종일 떠올리지는 않으니까 말이다. 치과에 가려는 계획이 우리 의식 속에서 사라진 것 같다가도 예약 시간이 다가오면 치과에 간다.

미래 계획 기억은 크게 두 가지로 나뉜다. 치과 예약이나 항생제 먹기와 같이 시간에 기반한 기억과, 마트를 지날 일이 있으면 우유를 사야 한다는 의도에 기반한 기억이 있다. 두 경우 모두 시간의 흐름이든 지나가다 마트를 발견하는 구체적인 자극에 대한 노출이든, 특정 신호가 있으면 머릿속에 세워 둔 계획이 '갑자기' 떠오른다. 미래 계획 기억은 우리의 무의식 수준에 저장되는데 이는 우리가 일부러 무엇을 하지 않아도 특정 자극에 노출되면 기억을 떠올리는 과정이 저절로 작동한다는 뜻이다. 우리도 모르는 사이에 시간에 기반한 미래 계획을 실행하기 위해 시간의 흐름을 살피고, 의도에 기반한 미래 계획을 실행하기 위해 주변 상황을 살피는 무언가가 있다. 다시 말해 우리 뇌에는 극도로 효율적인 시간 계산 시스템이 존재하며, 그 시스템은 현재 진행되는 다른 인지 과정과 대화를 나누고 있다. 이뿐만 아니라 외부 세계를 감시하고 인지하는 시스템도 있으며, 그 시스템 또한 우리의 무의식 속에서 작동하고 있는 인지 과정과 소통을 한다.

이 내용은 우리가 의식적으로 느끼지 못하는 과정에 대한 것이 맞다. 하지만 정신분석학처럼 무의식에 관해 본격적인 논의를 하려는 것은 아니다. 프로이트의 무의식과는 전혀 상관이 없고 그저 우리가 의식하진 못해도 분명히 진행되는 어떤 과정이 있음을 말하려는 것뿐이다.

뇌의 시간 계산 시스템이나 감시 시스템을 설명하기에 앞서 짚고 넘어갈 것이 있다. 정보가 기억으로 저장되는 다른 모든 과정과 마찬가지로 미래 계획 기억을 만들 때도 머릿속에 기록하고 싶은 일정이 있다면 주의력과 암호화 과정이 필요하다. 이 과정이 생략되면 약속 시간이 다가오거나 특정 장소 또는 사람을 보아도 자연스럽게 계획이 떠오르는 연결 고리가 생성되지 않아서 계획을 실천할 수 없다.

하지만 미래 계획 기억이 실패하는 이유가 이것만은 아니다. 전두엽이 연결 고리를 어떻게 관리하고 유지하느냐에 따라 미래 계획 기억의 성패가 달라진다. 이때 할 일과 기억의 연결 고리란, 예컨대 마트를 발견한 순간 우유를 사야 한다는 것을 떠올리는 것이다.

우리가 어떤 일을 할 때는 작업을 수행하는 동안 따라야 하는 규칙이 있다. 활동을 시작하면 따라야 하는 그 규칙이 머릿속에서 끊임없이 상기되지만 우리는 그것을 느끼지 못한다. 1-A-2-B-3-C와 같이 숫자와 알파벳을 번갈아서 오름차순으로 작성하는 업무를 한다고 가정해 보자. 이 순서는 확실하게 이해하고 작업이 끝날 때까지 지켜야 하는 규칙이다. 보통 이런 작업을 처리할 땐 규칙이 무엇인지 계속해서 생각하지는 않는다. 얼마나 자동화하느냐에 따라 일을 빨리 끝낼 수 있을지 없을지가 결정된다. 그런데 특정 규칙을 쭉 이어서 작업하던 과정이 살짝 삐끗하면 따라야 할 명령이 순간 무너지는 바람에 그 명령에 의존하던 모든 요소에 문제가 생긴다. 숫자와 알파벳을 번갈아서 오름차순으로 작성하라는 규칙을 아무리 완벽하게 이해했더라도 이 규칙을 끝까지 지키지 못한다면 결국 실패하고 만다.

정상적인 뇌가 규칙을 지키는 데 실패하는 이유는 뭘까? 시스템 과부하 또는 외부 방해 요소로 인한 부주의 때문이다. 앞서 말했듯 뇌가 정보를 보관하고 처리하는 능력은 제한적이며 방해 공작에 취약한 탓에 어떤 일을 하다가도 나도 모르게 주의력이 분산되기 쉽다. 작업 기억이 처리해야 하는 정보가 너무 많으면 몇 초 또는 몇 분 내로 시스템에 과부하가 걸려 먹통이 된다. 예컨대 속으로 '주방에 숟가락 가지러 가야겠다'를 생각하고 주방으로 가는 도중에 남편이 핸드폰 좀 가져다 달라고 부탁하면 먼저 핸드폰을 가져다주고 그 후 주방에 다시 갔을 때에는 뭘 하려고 했는지 갑자기 생각이 나지 않는다. 이런 경우 나중에 입력된 명령이 먼저 입력된 명령보다 앞 순서로 배치되면서 쉽게 말해 작업 기억이 연기처럼 사라진 것이다.

우리가 어떤 활동을 하는 동안 강력한 방해 요소가 등장해도 비슷한 일이 생긴다. 가령 주방에 가고 있는데 갑자기 TV에서 뉴스 속보가 나온다. 속보를 보다가 다시 주방에 갔는데 뭘 하려고 했는지 잊어버린다. 뉴스 속보 같은 새로운 자극 때문에 의도치 않게 집중력이 흐려져서 작업 기억 속에 있던 원래 하려던 일에 대한 정보가 새로운 정보로 덮인 것이다. 이렇게 규칙을 지키려다가도 어떤 요인으로 문제가 생기면서 원래 있던 정보가 사라지면 미래 계획 기억도 사라지는 경험을 한다.

그런데 도대체 무엇이 이 모든 과정을 관리하고 유지하는 것일까? 이 질문에 대한 답은 굉장히 복잡하면서도 신경심리학적으로 너무나 아름다운 만큼 이 책의 다른 부분에서 더 깊게 다루도록 하겠다. 전두엽은 우리가 하는 일이 원래 계획과 얼마나 일치하는지, 특정 과제를 얼마나 잘 또는 못하는지와 미래 계획을 수행하는 활동처럼 의식하지 않아도 저절로 이뤄지는 활동을 감시하는 중요한 역할을 한다. 여기서 감시라는 단어는 마치 내 통제 밖의 무언가 또는 누군가가 내가 무슨 일을 어떻게 하는지 지켜본다는 수상한 느낌이 들게 한다. 내 머릿속에 숨겨진 어떤 존재가 계획대로 일 처리를 잘하고 있는지 스파이처럼 엿본다는 생각이 들어서 감시라는 개념이 이상하게 들릴지도 모른다. 우리가 세운 계획의 원칙은 비유하자면 컴퓨터의 주기억장치인 RAM의 버퍼와 비슷한 방식으로 뇌 어딘가에 저장되어 있다. 정보는 우선 저장된 뒤에 인식 및 처리 과정을 거친다. 두 과정의 중간 단계에 작업 기억의 핵심이라 할 수 있는 일명 버퍼가 있다. 제아무리 저장한 정보가 많고 정보를 무한으로 처리할 수 있는 능력이 있다고 해도 버퍼가 없으면 몇 초 만에 무용지물이 된다. 예를 들어 알츠하이머병에서 나타나는 로고패닉진행성실어증을 보이는 환자는 같은 문장을 반복해서 말하기를 굉장히 어려워한다. 문장을 이해하지 못하거나 잘 듣지 못해서가 아니라 음운 고리, 즉 음운 버퍼가 망가져서 원래라면 쉽게 기억했을 문장도 몇 초면 기억에서 사라지는 것이다.

뇌가 정상적으로 작동한다면 저녁 7시에 친구에게 전화를 걸기로 한 약속, 즉 미래 계획의 내용이 버퍼에 잘 저장될 것이다. 그리고 7시가 다 되어 갈 때쯤 갑자기 머릿속에 그 약속이 마법처럼 떠오른다. 이 마법 같은 현상의 핵심은 바로 아주 오래전부터 기초심리학의 연구 주제였던 연합 학습이다. 파블로프의 개나 벌허스 프레더릭 스키너Burrhus Frederic Skinner의 조작적 조건화operant conditioning에 대해 들어 봤을 것이다. 인간의 뇌는 여러 사건 간의 인과 관계를 수립하고 학습하는 기계와 비슷하다. 학습이 잘 이뤄지면 구름이 낀 날엔 비가 내릴 수 있다는 예측을 할 수 있다. 또 파블로프의 개 실험처럼 개에게 먹이를 주기 전 특정 소리를 들려주면 나중에는 그 소리만 듣고도 먹이가 나오지도 않았는데 위장이 움직이는 것처럼 생리적인 반응이 일어날 수도 있다. 우리는 본의 아니게 통제할 수 없는 학습을 하기도 한다. 저 멀리 화장실이 보이거나 참다 참다 화장실에 들어갔을 때 소변을 보고 싶은 충동을 막을 수 없는 아주 일상적인 상황도 학습의 결과다. 또 어떤 사람과 함께 끔찍한 상황을 겪은 뒤에 그 사람을 다시 만나거나 만난다는 상상만 해도 심장이 빨리 뛰고 땀이 나고 불편함을 느끼는 등 생리적인 반응이 나타나기도 한다. 이렇게 자극과 자극 또는 자극과 반응을 결합하는 연합 학습이 이루어지면 어떤 조건이 발생했을 때 어떻게든 미래 기억을 꺼내 오려고 한다. 즉, '오후 7시' 또는 '마트를 지나갈 때'라는 조건이 발생하면 친구에게 전화 걸기나 우유 사기와 같은 미래 기억을 상기시킨다. 이런 식으로 해야 할 일이 점점 다가오면 의식하지 않아도 기억이 나는 것이다.

하지만 앞서 말했듯 일화 기억이 제대로 작동하기 위해서는 시간의 흐름이 잘 처리되는 것이 우선이다. 모든 인간은 '정상적'인 상태라면 시간을 느낀다. 현실에 대한 주관적인 경험은 시간 감각과 분리될 수 없다. 우리는 각 사건의 지속 시간을 느끼고, 사건을 시간 속에 배치하고, 시간의 흐름을 인지한다. 아주 당연한 경험이지만 어떻게 이런 경험이 가능한지에 대해서 알려진 바는 일부뿐이다. 우리가 아는 내용은 뇌의 수많은 영역에 분포된 여러 뉴런 집단이 일정한 리듬으로 진동한다는 것이다. 이로 미루어 보았을 때 뉴런이 페이스메이커와 같은 역할을 할 가능성이 있다. 뉴런의 일정한 진동 자체가 시간을 느끼게 하는 것은 아니다. 시간을 느끼기 위해서는 어떤 사건이 시작되면 진동 측정을 시작하고, 사건이 끝나면 측정도 끝내는 진동 측정기 같은 시스템이 필요하다. 진동 측정은 작업 기억 과정에서 이루어지며 측정된 진동 전체가 어떤 식으로든 시간을 경험하게 한다. 재차 강조하지만 작업 기억이 현재 일어나는 일을 처리하는 용량에는 한계가 있으며 우리의 주의력에도 아주 예민하게 반응한다.

뉴런의 진동을 초시계 같은 시간의 흐름을 측정하는 지표라고 가정하면, 진동이 발생한 횟수는 어떤 사건의 지속 시간에 해당한다. 어떤 일에 집중력을 적게 투입하면 우리의 작업 기억에는 진동 횟수가 적게 측정된다. 간혹 해야 할 일을 두고 딴짓을 하면 5분밖에 안 된 줄 알았는데 실제로는 15분이나 지나 있는 것처럼 시간이 빨리 갔다는 느낌이 들 때가 있다. 반대로 물이 언제 끓는지 망부석처럼 기다리면서 과도하게 주의를 기울이면 시간이 과하게 측정돼서 느리게 흐르는 것만 같다. 또 시간 측정 시스템이 심리적 현상으로 인해 뉴런의 진동을 잘못 측정할 때도 있다. 뭔가가 굉장히 재미있다거나 반대로 너무나 재미가 없을 때처럼 특정한 감정을 느끼는 경우 뉴런의 진동 횟수가 더 빠르게 혹은 더 느리게 측정되어 우리가 인지하는 시간도 달라진다. 러닝 타임은

같더라도 재미있는 영화와 재미없는 영화를 볼 때 흐르는 시간을 다르게 느끼기 마련이며, 물이 끓기만을 하염없이 기다릴 때와 그렇지 않을 때는 물론이고, 처음으로 낙하산을 펼치고 자유 낙하하는 20초는 평소보다 훨씬 길게 느껴진다.

시간을 처리하는 신경 인지 기관 덕분에 우리는 시간에 따라 기억을 구성하고 인생의 여러 순간에 그 기억들을 배치한다. 그래서 5년 전에 즐겼던 축제, 어제 갔던 동네, 지난 월요일에 친구와 보낸 45분간의 만남을 기억하고 느끼고 추억할 수 있다. 일화 기억에 지대한 영향을 미치는 신경 인지 구조 중 하나는 해마다. 해마가 없다면 기억들을 시간 속에 배치할 수 없다. 해마가 손상되면 자신이 겪는 현실과 시간 사이의 연결이 끊어져서 기억을 시간 속에 적절히 배치하는 데 실패할 수밖에 없다. 이로써 알츠하이머 환자가 어떻게, 왜 45년 전에 돌아가신 아버지와 이틀 전에 같이 있었다고 말하는지 이해할 수 있다. 아버지에 대한 기억이 원래 있어야 할 시간에서 벗어나 현재에 자리 잡은 것이다.

시간 처리 과정에 생긴 이상 증세가 질병으로 이어지면 확실히 더 극적인 면이 있지만 정상적인 상태에서도 일시적으로 그런 증상이 나타날 수 있다. 대표적인 예 중 하나가 시간 여행 경험time-gap이다. 사무실까지 운전해서 가는 것처럼 평상시와 다를 바 없는 일상, 즉 아무런 문제가 없는데도 겪을 수 있는 현상이다. 매일 하는 일은 딱히 집중하지 않아도 될 정도로 너무나 당연하다. 매일 같은 시간에 차를 몰고 회사로 갈 때는 회사까지 어떻게 갈지가 아닌 딴생각을 한다. 습관적으로 운전하느라 집중하지 않다 보니 회사에 도착하기까지 걸린 시간이 엄청 짧게 느껴지거나 심지어는 어떻게 도착했는지도 모르겠다는 생각이 들 때도 있다. 일과성완전기억상실 증상이 있는 경우 더 자주 겪는 현상이고 운전처럼 복잡한 과제를 수행하는 도중에도 발생할 수 있다. 몇 분, 심지어는 몇 시간 동안 아무 생각 없이 일상을 보내다가 어느 순간 정신을 차려 보면 무엇을 하고 있었는지 또는 대체 이 장소에 어떻게 왔는지 도저히 알 수가 없는 경험이 있는가? 종종 사람들이 시간 여행을 했다면서 차를 타고 회사에 가려고 나왔는데 갑자기 다른 도시에 있었다고 하는 경우가 바로 이런 것이다. 이런 경우는 사실 일상적인 업무에 집중하지 않아서 일과성완전기억상실 증상이 나타난 것이다.

얼마 전에 강박적 성 행동을 보이는 한 청년을 만난 적이 있다. 그는 데이팅 앱 여러 개에 밤낮없이 수시로 접속했다. 잠을 쫓으려고 커피와 에너지드링크를 사발로 마시면서 데이팅 앱 속 여성들과 매칭되는 데에만 열중했다. 실제로 며칠 밤을 꼬박 새워 가며 집착 수준으로 매칭에 몰두한 결과, 한 여성의 집에서 잠자리를 갖게 되었다. 그런데 그 여성의 집에 간 순간부터 뭔가 이상했다. 무슨 일이 일어났는지, 지금이 언제인지, 시간이 얼마나 지난 건지 하나도 기억이 나지 않았다. 자신의 집에서 15분 거리에 있는 여성의 집까지 걷던 것, 그 집에 도착한 것, 그러다 갑자기 그의 집에서 45분 거리에 있는 공원 벤치에 앉아 있던 것만 기억이 났다. 나중에 그 여성과 얘기를 나눠 볼 수 있었는데 그를 처음 만났을 때는 아무 문제가 없다가 어느 순간부터 갑자기 알아들을 수 없는 말을 늘어놓더니 땀을 흘리고 느닷없이 그녀의 집에서 나갔다고 한다. 그녀의 이야기가 아주 결정적인 단서가 되었다. 잠을 못 잔 상태에서 에너지 드링크를 마신 까닭에 뇌전증이 발생해서 그가 여성의 집에 도착한 순간부터 벤치에 앉아 있기까지 일과성완전기억상실 증세를 겪었을 가능성이 크다.

　시간 지각에 이상이 생기는 경우의 대부분은 증상이 가볍고 큰 일이 아니다. 특별한 기저 질환이 없더라도 일과성완전기억상실은 살면서 한 번쯤 겪는 자연스러운 현상이다. 이런 현상은 뇌전 증이나 뇌혈관 질환이 없더라도 갑자기 나타날 수 있는 해리성기 억상실과 비슷한 점이 많다. 해리성기억상실은 아주 강렬하고 충격적인 경험으로 유발되는 일시적 기억 상실인데, 심각한 경우 병으로 이어지기도 한다. 해리성기억상실의 예로 민간인을 대상으로 한 테러가 발생했을 때 상당한 인원이 실종되는 경우를 들수 있다. 아직 신원 파악이 안 되어 찾지 못한 실종자로 분류되는 사람들도 있지만 안타깝게도 테러의 충격으로 인해 몇 분, 몇 시간 심지어는 며칠 동안 정처 없이 떠도는 급성해리성기억상실 증세를 보여 실종되는 사람들이 많다.

제2부

자꾸 헛것이
보일 때

인간은 지각하는 존재로서 필연적으로 주변 자극에 부여되는 의미와 분리될 수 없는 삶을 산다. 기본적으로는 뇌를 통해 지각하지만 촉각, 후각, 시각, 미각, 청각 등 다른 감각 기관을 통해서도 우리의 자세, 위치, 오른손, 거리, 속도, 크기, 친근감, 심지어는 존재와 부재까지 느낄 수 있다.

지각, 즉 우리의 감각 기관에 쏟아지는 자극 전체를 다스리고 해석하는 일을 담당하는 것은 혀도 눈도 귀도 피부도 아니다. 지각은 뇌에서 우리에게 수신되는 자극을 해석한 뒤 의미를 부여하는 과정이다. 외부 세계를 해석하고 의미를 부여하기 위해 뇌는 가용한 모든 정보를 총동원한다. 형태, 크기, 움직임 등 발생한 자극의 고유한 특성도 정보가 된다. 또 우리가 보고, 듣고, 궁극적으로는 느끼는 것을 더 잘 지각하고 인식하기 위해 사전 지식을 활용하기도 한다.

한 마디로 설명하긴 어렵지만 지각은 끊임없이 엄청난 속도로 이뤄진다. 우리는 세상을 슬로모션으로 보거나 듣거나 경험하지 않는다. 우리를 둘러싼 외부 요소들을 실시간으로 가공하는 과정은 자동으로 진행된다. 하지만 많은 경우 뇌는 사전 지식과 감각 기관을 통해 받아들이는 자극의 여러 특징을 사용해서 현실을 예측하고 이로써 우리는 누구나 의식 경험conscious experience을 할 수 있다. 이는 우리가 처음 관찰하고 느끼는 현실이 실제로는 뇌가 가장 그럴싸하다고 예상한 뒤에 데이터를 평가하고 예상과 들어맞는지 아닌지 확인한 현실이라는 것을 의미한다. 우리에게 도달하는 시각적 또는 청각적 자극이 너무 복잡해서 의미를 부여하기까지 일부러 인지적인 노력을 해야만 하는 것이 아니라면 이런 과정은 무의식적으로 진행된다. 소리가 너무 작거나, 주변 소음이 심해서 단어를 듣기가 어렵다거나, 너무 어두운 나머지 형태가 복잡한 물체를 제대로 볼 수가 없는 경우에는 당연히 자극을 자세히 분석하면서 자극의 의미를 조금씩 이해하고, 이럴 땐 어쩔 수 없이 피곤함이라는 대가를 치르게 된다.

지금까지 살펴본 바에 따르면 인간의 뇌가 제 기능을 하기 위해 습득한 능력 중 하나는 효율을 극대화하는 것, 즉 굳이 모든 자원을 다 쓰지 않는 것이다. 우리의 감각에 실제로 영향을 미치면서도 가장 그럴듯한 현실을 구축하는 것은 뇌가 효율적으로 작동하려는 전략임이 분명하다. 동시에 인간의 뇌는 쉬지 않고 모니터링 내지는 감독 역할까지 한다. 뇌가 지금 무엇을 하는지는 정확히 알 수 없더라도 감독 시스템은 뇌가 예측한 현실과 실제를 비교 분석한다는 것을 짐작할 수 있다.

우리가 보는 외부 세계 대부분이 감독 시스템이 옳다고 판단한 결과라면 감독 시스템의 판단이 틀렸을 확률은 어느 정도까지 예측할 수 있을까? 더 중요한 문제는, 실패하면 어떤 일이 생길까?

뇌가 예측한 장면이 실제 현실과 일치하지 않는다면?

일상에서도 위 두 가지 질문에 대한 답을 찾을 수 있지만 간단히 말하자면 실제로 뇌의 예측은 실패한다. 실패의 증거는 바로 착각이나 환각 같은 일시적인 지각 오류다. 착각이란 자극이 실제와 다르게 해석된 것이다. 이를테면 숲속을 달리면서 나뭇가지 소리를 강아지 소리로 혼동한다거나 누군가가 말한 단어를 다른 단어로 잘못 알아듣는 경우에 시각적, 청각적 착각이 발생한다. 이와 다르게 환각은 실제로 존재하지 않는 자극을 감각 기관을 통해 지각하는 것이다. 예컨대 아무것도 없는 길 한복판에서 서 있는 사람을 보거나 나에게 말을 거는 음성을 듣는 것이다.

물론 환각 또는 지속해서 발생하는 착각은 알다시피 질병으로 분류된다. 그 질병들을 연구하면서 우리는 이와 같은 지각의 오류가 발생하는 이유를 더 잘 이해할 수 있게 되었다. 하지만 아주 정상적인 상황에서도 외부 세계를 해석하는 뇌의 체계에 작은 결함이 생기면 지각의 오류를 경험할 수 있다. 뒤에서 다루겠지만 이에 더해 우리의 경험에 의미를 부여하기 위해 지식을 사용하는 것은 개연성을 부여할 때 중대한 역할을 한다. 이렇게 지각의 오류를 해석하고 기억하는 과정이, 사람들이 초자연적이라고 하는 현상의 전형적인 특징을 만드는 데 결정적인 역할을 한다는 것을 이번 장에서 살펴볼 것이다. 🧠

7장

혹시 나 불렀어?

어디선가 내 이름이 들리고 누군가가 나를 부른 것 같았는데 주위를 둘러보니 아무도 없었던 경험을 해 봤을 것이다. 어떤 경우 실제로 자극이 없더라도 마치 나의 이름처럼 자주 접했던 친숙한 자극에 대해 일시적이고 사소한 착각이 발생하기 쉽다.

외부 자극을 실제와 다르게 느끼거나 심지어는 없는 자극을 느끼는 현상은 정신 건강이나 초현실적 세계와 관련이 있다는 고정관념이 있다. 그래서 사람들은 자신이 이런 현상을 겪은 것이 알려지기를 두려워한다.

당연히 더 심각한 지각 오류를 자주 겪는다면 일상에 큰 지장을 초래한다. 정신 질환이나 신경 질환으로 이어질 수 있다는 것도 사실이다. 하지만 지각 오류를 겪었다고 해서 꼭 뇌 손상이 관련된 질병에 걸렸다고 할 수는 없다. 또한 뇌 손상으로 인해 지각 오류가 유발되었더라도 항상 치료할 수 없거나 치명적인 결과로 이어지는 것도 절대 아니다.

재차 강조하지만 사소한 착각이나 환각은 일상 속 신경심리학적 현상이다. 물론 정도가 심할 수도 있고 종종 반복되기도 한다. 하지만 보통은 지속 시간이 짧고 뇌 손상이나 질환으로 이어지지 않는다. 그렇다면 이런 현상은 왜 일어나는 것이며 가장 흔한 현상은 무엇일까?

일상에서 늘 발생하는 비슷비슷한 수백만 개의 자극은 안정적이고, 지속적이고, 예측할 수 있는 데다 그다지 중요하지 않다. 그래서 우리는 그 모든 자극을 항상 느끼고 인식하지는 않는다. 가령 긴 시간 같은 자세로 앉아서 일하면서 발바닥이 바닥에 닿는 느낌이나 엉덩이가 의자에 닿아 있는 느낌을 항상 지각하는 것은 아니다. 물론 의식적으로 발바닥이나 엉덩이를 생각하면서 가만히 집중하면 느낄 수야 있다. 또 손을 뻗어서 어떤 물건을 잡으려 할 때 우리 몸 어디에 손이 붙어 있으며 그 물건을 잡으려면 어떻게 해야 하는지 일부러 생각해 본 적도 없을 것이다. 그럼에도 실수만 하지 않으면 아주 정확하게 물건을 잡는 데 성공한다.

특별하지 않은 자극에 오랜 기간 노출되면 **감각 습관화**sensory

habituation가 발생한다. 감각 습관화는 우리 주변에서 일어나는 중요하지 않은 자극에 적응하는 것을 의미하는데, 특정 자극에 반복적으로 노출되어 감각 기관이 포화 상태에 이르러 신경계가 반응할 확률이 줄면서 생기는 현상이다. 너무 강하거나 고약한 냄새를 맡은 뒤 조금 있으면 그 냄새에 점점 무뎌지게 되는 것처럼 말이다. 또 유난히 일에 몰두하다 보면 주변 소음을 서서히 차단하기도 한다. 다쳤거나 상처가 생겨서 느끼는 통증도 시간이 지나면서 점차 사그라든다.

앞서 다뤘던 내용을 생각하면 감각 습관화는 아주 중요한 의의가 있다. 인간의 주의력에는 한계가 있지만 집중할 가치가 있는 대상을 자세히 살피려면 주의력이 꼭 필요하다. 감각 습관화라는 기능이 없다면 우리는 원치 않아도 주변에서 일어나는 모든 일에 신경을 쓰게 되고 그러다 보면 정말로 중요한 일에 집중할 수 없다.

자폐스펙트럼ASD 등 신경 발달 장애가 있다면 대부분 감각 습관화 과정이 효율적으로 진행되지 않는 어려움을 겪는다. 그래서 자폐스펙트럼 환자들은 백화점처럼 북적거리고 생소한 자극이 많은 곳에 가면 감정적으로도 행동적으로도 과한 반응을 보인다. 감각 습관화 시스템이 효율적으로 작동하지 않으면 주변에서 발생하는 모든, 또는 대부분의 자극을 느끼기 때문이다. 백화점에 들어선 순간부터 사람들의 말소리, 발소리, 안내 방송, 강렬한 조명, 여기저기 진열된 상품들 등 모든 게 한꺼번에 느껴지기 시작한다고 상상해 보라. 상상이 잘 안 된다면 더 쉬운 예를 들 수 있다. 입고 있는 옷의 특정한 촉감이 쉬지 않고 느껴진다면 누구나 예민한 반응을 보이게 될 것이다. 자폐스펙트럼 환자들에게서 흔히 관찰되는 반복적인 행동 패턴은 결국 세상의 소음에서 멀어지기 위한 하나의 전략일 수도 있다.

우리의 감각 기관에 영향을 미치는 모든 것은 그 자체로 의미를 갖지는 않는다. 뇌의 감각 통합과 자극에 대한 의미 부여 과정을 거쳐야 비로소 의미를 지닌다.

숟가락이라는 의미를 부여하는 뇌가 없다면 숟가락 자체는 숟가락이 될 수 없다. 숟가락만의 고유한 모양과 재질은 있겠지만 '숟가락'이라는 개념과 용도는 인간이 실제로 사용해 본 뒤에 부여한 의미다. '축구'도 그렇다. 글자만 보면 문자를 조합해서 만든 스포츠의 한 종류를 뜻하는 단어에 지나지 않는다. 숟가락을 처음 본 사람은 숟가락을 본들 그게 무엇인지 모른다. 또 글자를 배운 적이 없거나 '축구'라는 단어를 모르는 사람에게 '축구'는 그저 어떤 글자일 뿐 읽을 수도, 발음할 수도, 당연히 무슨 뜻인지 알 수도 없다. 눈앞에 있는 대상의 의미를 파악하지 못하는, 즉 인식하지 못하는 증상이 질병으로 이어지면 앞에서도 언급했던 실인증이 된다. 흥미로운 점은 뇌에는 사물을 인식하는 데 특화된 영역이 있어서 실인증으로 인해 다른 기능은 손상되지 않고 지각 과정만 선택적으로 손상될 수 있다. 앞서 다뤘던 시각실인증이나 안면실인증 말고도 실인증의 종류는 다양하다. 움직임을 인식하지 못하는 운동실인증, 무언가를 만졌을 때 인식이 되지 않는 촉각실인증, 소리의 의미를 인식하지 못하는 청각실인증, 신체 일부를 인식하지 못하는 신체실인증, 자신에게 나타나는 병적 증상의 정도 또는 증상 자체를 느끼지 못하는 질병실인증이 있다.

한편 단어를 보고 그 의미에 접근하는 과정은 놀라울 정도로 효율적이다. 언어를 제대로 학습하고 습득한 사람이라면 어떤 단어를 보았을 때 저절로 뜻까지 떠올리게 된다. 포크가 뭔지 아는 사람은 포크를 보았을 때 그것이 포크임을 인식할 수밖에 없고 포크라는 글자만 보아도 그 의미가 떠오른다. 즉, '집'이나 '모서리'를 모르는 상태에서 단어만 보고 처음부터 그 의미를 알 수 없다는 말이기도 하다. 머릿속 사전을 효율적으로 활용하지 못하는 난독증이 아니라면 단어의 의미는 보통 이런 식으로 파악한다.

난독증이 있으면 모든 단어를 tasapainoilija핀란드어로 '줄타기 곡예사' 같이 생소한 단어를 처음 접했을 때처럼 읽게 된다. 즉 난독증 환자들은 단어를 보면 저절로 작동하는 인식 체계가 고장난 까닭에 전체적인 의미를 빠르게 파악하지 못하고 글자 자체만으로 받아들인다. 심지어 알다시피 뇌는 지각 과정에서 예측하는 습성이 있어서 어휘화lexicalization 현상도 나타난다. 어휘화는 읽은 단어를 더 친숙하거나 반대로 더 복잡한 단어로 바꿔서 받아들이는 현상이다. 예컨대 '눙치다'라는 단어가 생소하면 자기도 모르게 익숙한 '뭉치다'로 읽게 된다.

여기까지의 내용은 지각 과정의 핵심 특징을 이해하는 데 더할 나위 없이 중요하다. 앞서 언급했다시피 지각 과정은 주변에서 발생하는 자극에 신속하게 의미를 부여하기 위해 예측 능력과 사전 지식을 활용한다.

그럼 이것은 도대체 무엇을 의미하며 존재하지 않는 것을 느끼거나 환각을 겪는 것과 어떤 관련이 있을까? 우리가 경험하는 세상은 생각과는 달리 뇌가 예상하고, 예측하고, 만들어 낸 세상이다. 따라서 우리가 지각한 현실이란 뇌가 만든 가장 있을 법한 현실이다. 결국 우린 뇌가 아마도 그럴 것이라고 믿고 지어낸 교묘한 현실을 보면서 어느 정도의 환각을 체험하고 있는 것이나 다름없다. 다음 쪽의 반 고흐 그림을 보면 각 사각형이 주변 사각형보다 더 밝거나 어둡게 보일 것이다. 하지만 사실 모든 사각형의 색은 똑같다. 사각형에 표현된 빛과 그림자에 치중하다 보니 뇌가 사전 지식에 근거해 어떤 사각형은 더 밝고 다른 사각형은 더 어둡다고 추측한 탓이다. 우리가 아무리 노력한들 뇌가 그렇게 보겠다고 마음먹은 이상 어찌할 도리가 없다.

아래 문장도 우리가 외부의 자극을 어떻게 자의적으로 해석하는지 확인할 수 있는 예시다.

SOM3WH3R3 1N L4 M4NCH4, 1N 4 PL4C3 WH0S3 N4M3
1 D0 N07 C4R3 70 R3M3MB3R, 4 G3N7L3M4N L1V3D N07 L0N6 460,
0N3 OF 7H0S3 WHO H4S 4 L4NC3 4ND 4NC13N7 SH13LD 0N 4 SH3LF
4ND K33PS 4 SK1NNY N46 4ND 4 6R3YHOUND FOR R4C1N6.

위의 예시(글)에서는 문자가 숫자로 치환되어 있어도 저절로 뜻을 파악하면서 읽게 되는 것을 확인할 수 있다. 아래 예시(그림)는 지금 보고 있는 대상과 관련된 사전 지식이 있는 경우 어떻게 뇌가 자극에 의미를 부여하는지 보여 준다. 반 고흐의 자화상을 본 적이 있다면 사각형들이 배열된 그림이 마치 반 고흐의 얼굴처럼 보일 것이다.

사실 언어에는 아주 체계적이고 자동화된 예측 시스템이 작용한다. 그래서 우리는 맥락을 보고 뒤에 무슨 말이 나올지 예측할 수밖에 없다. "나 목이 말라서 물 좀⋯." 또는 "일 년 내내 안 쉬고 일했더니 이젠⋯." 이 문장들을 보면 다음에 무슨 내용이 나올지 대충 예상이 가능하다.

이와 비슷한 또 다른 흥미로운 현상으로는 맥거크McGurk 효과가 있다. 1976년에 심리학자 해리 맥거크Harry McGurk와 그의 동료 존 맥도널드John MacDonald가 발표한 지각 관련 현상이다. 인터넷에 검색한 뒤 예시를 직접 보고 나면 더 이해가 쉬울 것이다. 간단히 말하면 맥거크 효과는 외부 세계를 지각할 때 주변의 모든 정보를 활용하는 다중감각 통합multisensory integration 때문에 생기는 현상이다. 대표적인 예로 한 영상에서 '바'라고 말하는 음성이 들리는 동시에 어떤 사람이 입 모양으로 '바'가 아닌 '가'를 발음한다. 뇌가 청각과 시각, 두 가지 감각 힌트를 통합하느라 우리에게는 '다' 또는 '타'라는 소리로 들린다.

누군가가 내 이름을 부른 것 같다거나 전화벨이 울린 것 같은 착각 또는 가벼운 환각이 발생하는 데는 여러 이유가 있겠지만 위에서 설명한 내용들이 일상의 환각을 유발하는 핵심 요인이다.

상대적으로 소리를 알아듣기 어렵거나 시끄러운 환경에 있다면 누군가가 내 이름을 부른 듯한 착각을 할 수 있다. 보통은 감각 습관화 기능이 주변 소음을 차단해 주지만 가끔 알 수 없는 이유로 특정 청각 자극에 인지 시스템의 관심이 순간적으로 쏠리면 그 자극을 인식하기 위한 과정이 필연적으로 작동한다. 그때 들려온 소리가 내 이름과 어딘가 비슷한 부분이 있다면 뇌는 사전 지식을 동원해 그 소리가 무슨 의미일지 예측할 것이고 그것은 결국 내 이름이라는 최선의 결론에 도달한다. 그래서 내 이름이 '들린 것 같다'고 느끼는 것이다. 이미 눈치챘을 수도 있지만 이렇게 모호한 자극에 노출되었을 때 발생하는 현상은 변상증과 비슷하다.

이런 이유도 있다. 뇌는 자극과 자극 간 혹은 사건과 사건 간 인과 관계를 수립하는 방법을 학습한다. 그래서 어떤 현상이 발생했을 때 그 현상이 다른 현상으로 이어질 것으로 예측한다. 뇌의 학습은 우리가 특별히 인지하지 못하는 상태에서 진행되므로 우리의 경험 목록에 뇌가 만든 모든 인과 관계가 저절로 저장된다. 항상 어떤 자극 다음에 나타나는 자극이거나 매번 같은 시간대에 발생하는 자극이라서 예측이 가능한 자극은 적절한 조건만 갖춰지면 지각하기 쉽다. 이를테면 낮에는 전혀 몰랐다가 밤이 되면 화장실에서 물 떨어지는 소리가 '똑, 똑, 똑'하고 선명하게 들려서 참을 수가 없는 식이다. 날마다 들려오는 소리에 불안해하다 보면 어느 날은 소리가 들리지 않았는데도 들렸다고 착각할 수도 있다.

있다가 없으면 그 존재가 더 크게 느껴지기 마련이다. 그래서 지금까지 늘 규칙적으로 나를 맴돌았던 자극이 사라져도 그 자극이 계속된다고 느낄 수 있다. 앞서 설명했듯 뇌는 이미 저장된 정보로 공백을 메우려 하기 때문이다. 슬픈 얘기지만 우린 모두 언젠가 가족, 친구, 반려동물 등 가까운 존재를 떠나보내는 경험을 할 것이다. 갑자기 상실을 겪으면 더 이상 그 존재가 없다는 걸 알아도 뇌에는 여전히 흔적이 남는다. 뇌는 항상 같이 있던 존재의 공백을 지금은 없는, 하지만 늘 있던 자극으로 채우려 한다. 그래서 우리는 더 이상 곁에 없는 존재가 습관적으로 내던 소리를 듣는다.

나도 내 고양이 판초가 갑자기 세상을 떠났을 때 비슷한 경험을 했다. 반려동물이 있다면 공감하겠지만 우린 12년 동안 가장 친한 친구였다. 판초는 매일 밤 내 무릎 위에서 잠을 청하기 전에 짚으로 엮은 낡은 식탁 의자를 긁어서 사각거리는 소리를 냈다. 판초가 떠난 뒤에도 밤마다 의자를 긁는 소리가 들렸고 가끔은 야옹 하며 우는 소리까지 들었다. 사랑하는 사람을 잃었을 땐 더하다. 집 근처에서 그 사람의 소리가 계속 들린다. 내 인생의 행운이었던 증조할머니는 돌아가시기 얼마 전에 무언가 필요한 게 있으면 작은 종을 울려서 할머니를 부르곤 하셨다. 증조할머니가 세상을 떠나신 뒤에 아무도 그 작은 종을 울리는 사람이 없는데도 할머니는 종소리를 몇 달 동안이나 들으셨다.

뇌나 감각 기관이 그동안 익숙해져 있던 자극을 느끼지 못하면 지극히 정상적인 사람이라도 환각을 쉽게 경험할 수 있다. 또 감각 기관에는 결함이 생겼지만 감각 자극을 처리하는 뇌의 영역에는 문제가 없는 질환에 걸리면 환각 중에서도 가장 특이한 환각을 경험하게 된다. 바로 찰스보넷증후군Charles Bonnett syndrome이다. 찰스보넷증후군은 시력혹은 청력이 심하게 손상된 사람에게 나타나는 증상인데 외부의 자극이 뇌에서 감각을 처리하고 인지하는 영역까지 도달하지 않아서 생기는 현상이다. 자극이 완전히 사라져서 입력되는 외부 정보가 없으면 지각을 담당하는 뇌의 영역은 마음대로 행동한다. 그 결과 시력혹은 청력을 잃은 사람은 갑자기 형태도 내용도 이상하리만치 생생하고 구체적인 환각을 경험한다. 하지만 어디서도 정신적 또는 신경학적 이상 징후를 찾아볼 수는 없다.

뇌에 입력되는 감각 자극이 없는 상태를 감각 박탈sensory deprivation이라고 하는데 감각이 박탈되면 아주 구체적인 환시나 환청을 경험할 수 있다. 과거에 장기 우주여행이 예정된 우주 비행사 후보자들을 대상으로 한 연구에서 피험자들이 우주선과 유사한 환경에 장기간 갇혔을 때 나타나는 생리적, 심리적 변수를 살펴본 적이 있다. 감금된 피험자들이 겪은 가장 뚜렷한 증상은 환시와 환청이었다. 감각 박탈이 환각을 유발한다는 것을 보여 주는 또 다른 예시로는 1930년에 심리학자 볼프강 메츠거 Wolfgang Metzger가 발표한 간츠펠트 효과Ganzfeld effect가 있다. 간츠펠트 효과는 피험자에게서 다양한 방법으로 시청각 자극을 박탈하면 나타난다. 특히 일정한 시청각 자극 패턴을 만드는 것이 중요하다. 예컨대 우선 눈꺼풀 위에 반으로 자른 탁구공을 올려놓거나 특수 제작한 안경을 씌워서 외부 시야를 완전히 차단한다. 그리고 그림자가 생기지 않도록 조명을 어둡게 유지한다. 동시에 피험자는 백색 소음이 계속 나오는 헤드폰을 쓴다. 이렇게 외부 자극이 비집고 들어올 틈이 없는 환경이 조성되면 몇 분 지나지 않아 피험자는 환시를 보고 심지어는 몸이 공중에 떠오르는 듯한 느낌도 받는다. 감각이 박탈되어 시각 및 청각을 담당하는 뇌의 영역에서 과잉 반응이 일어났기 때문이다.

코로나19 팬데믹 기간에 외출이 제한되면서 사람들은 평소보다 훨씬 덜 자극적인 환경에 장기간 노출되었다. 자극의 부재로 인해 환각을 겪는 사람이 늘어났는데 특히 파킨슨병 환자처럼 이전에 이미 환시를 겪어 왔던 취약 집단 사이에서 그 빈도와 정도가 높았다. 하지만 전에는 환각을 한번도 경험해 본 적 없는 사람들도 환각을 겪었다. 팬데믹 기간은 암울한 시기였지만 한편으로는 우리의 신경 체계와 심리 상태가 정상적일 때 자극으로 가득한 외부 세계와 소통하며 지내는 것이 얼마나 중요한지 다시금 깨닫게 해 준 일종의 특별한 실험 환경이기도 했다. 우리는 어릴 적 신경 발달에서 아주 중요한 초기 단계를 지나 지금까지 늘 자극에 노출되며 성장한 존재라는 사실을 잊어서는 안 된다. 자극이 없었더라면 인간종이 지닌 고유한 유전적 특징이 있을지라도 지금 수준의 신경 발달을 이루지 못했을 것이다. 뇌 기능은 자극과 분리될 수 없으므로 건강한 뇌는 물론이고 손상된 뇌로부터 자극을 박탈하는 것만큼 끔찍한 일은 없다. 팬데믹 이후 신경 인지 장애도 전염병처럼 퍼지고 있다. 격리 기간 동안 어떤 사람들은 본래 지니고 있던 신경 인지 장애가 더 심해지기도 하고 또 어떤 사람에게서는 뚜렷한 인지 저하 증상이 나타나기 시작했다. 팬데믹은 일정 기간 병들어 있던 뇌가 보상 기전compensatory mechanism을 활용해 극단적인 변화에 얼마나 잘 대응하는지 확인할 수 있는 좋은 사례였다. 하지만 갑자기 발생한 감각 박탈이 지속되면 보상 기전도 무너지고 결국 서서히 진행되던 병이 본격적으로 활동을 시작한다.

외부 자극에 꾸준히 노출되는 것보다 더 훌륭한 인지 자극이 있다는 과학적 증거는 없다. 효과가 있는지조차 의심스러운 복잡한 기기나 컴퓨터 프로그램을 써 가며 우리의 인지 과정을 단련

시키는 것은 의미가 없다. 병에 걸린 사람도 그렇지 않은 사람도 더 간단한 방법으로 지금 우리의 모습을 지킬 수 있다. 우리가 살아가는 이 세계에서 쏟아지는 풍부한 자극을 있는 그대로 받아들이면 된다.

8장

가위 눌림은 그저
환각일까?

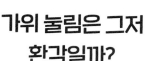

여기까지 읽었다면 착각이나 환각은 사실 별일이 아니며 그런 현상에는 이유가 다 있다는 것을 알게 되었을 테다. 하지만 내 이름을 부르는 소리나 고양이가 발톱으로 의자를 긁어서 내는 소리보다 훨씬 더 생생하고 설명하기 복잡한 경험을 해 봤다고 말하는 독자도 분명 있을 것이다.

인류 역사 전반에 걸쳐 존재해 온 불가사의한 현상들은 초자연적인 세계에 대한 인간의 상상력을 마구 자극했다. 그런 신비한 경험에 의문을 품으려는 것도 아니고, 모든 현상에 대한 답을 안다고 으스대려는 마음도 없다. 하지만 언뜻 초자연적으로 보이는 특이한 현상들이 사실은 우리가 잘 알고 있는 신경 메커니즘에 의해 일어나기도 한다고 말하고 싶다.

존재에 대한 환각presence hallucination은 실제로는 존재하지 않는 누군가가 근처에 있는 것 같은 느낌을 받는 현상이다. 보통은 등 뒤에서 그 존재를 느낀다. 이는 파킨슨병과 루이소체치매Lewy body Dementia 환자 다수가 겪는 증상이다. 심지어는 발병하기 몇 년 전, 그러니까 진단을 받기 몇 년 전부터 겪는 환자도 있다. 존재에 대한 환각을 비롯해 아주 생생하고 정도가 심한 환시 증상이 동반될 수 있다.

최근 몇 년간 파킨슨병이나 루이소체치매 환자들 사이에서 환각 증세가 일어나는 원인을 더 깊이 연구하고자 하는 시도가 있었다. 그 노력 덕분에 병태생리학pathophysiology의 관점에서 이 질병들을 더 잘 이해할 수 있었을 뿐만 아니라 건강한 사람에게 환각이 발생하는 과정을 설명하는 모델도 수립했다. 다시 말해 파킨슨병 혹은 루이소체치매로 손상된 뇌는 물론이고 환각 증상 자체가 일어나는 메커니즘을 이해할 수 있게 된 것이다.

신경학적으로 문제가 없는 사람이 경험할 수 있는 가장 섬뜩한 상황은 바로 수면 마비가위 눌림-옮긴이다. 보통 각성 상태에서 수면 상태로 넘어갈 때 수면 마비가 일어난다. 수면 마비가 발생하면 잠에서 깼는데 몸을 전혀 움직일 수 없는, 그야말로 마비가 된 듯한 느낌을 받는다. 수면 마비는 남녀노소를 불문하고 건강한 사람의 8~50%가 경험하는 아주 흔한 현상이다.

몸이 마비되는 것만으로도 이미 무섭고 끔찍한데 거기서 그치지 않고 꼭 방 안에 누군가가 있는 것만 같고, 소리와 촉감도 느껴지는데다가 사람, 동물, 심지어는 귀신이 아주 구체적이고 뚜렷한 모습으로 나타난다.

수면 마비는 아주 흔하고 전형적인 현상이라 실제로 모든 언어권에는 자는 동안 우리를 꼼짝 못 하게 겁을 주며 옥죄는 이 현상을 지칭하는 단어가 따로 있다. 또 수면 마비를 겪을 때는 어떤 무서운 존재가 가슴팍 위에서 눌러 숨을 못 쉬게 하는 듯한 느낌을 받거나 심지어는 그 존재를 보기도 한다. 스위스 출신 화가 요한 하인리히 퓌슬리Johann Heinrich Füssli의 작품 《악몽》에는 수면 마비가 생생하게 묘사되어 있다.

수면 마비 도중에 발생하는 환각은 자는 중이거나 꿈을 꾸는 중이 아닌 의식이 완전히 있는 상태에서도 겪을 수 있다. 그래서 주로 어두운 밤에 혼자 남겨졌을 때 무서운 느낌이 드는 것이다. 우리 상담 센터에 지금까지 한 번도 없었던 일을 경험해 봤다며 방문한 내담자가 있었다. 한 번도 없었던 일이라는 내담자의 말이 중요하다. 보통 환각은 전조 증상 없이 일상에서 갑자기 발생하기 때문이다. 그 내담자는 장기 출장을 끝내고 가족들과 함께 오래된 별장을 빌려 휴가를 떠났다고 했다. 휴가 첫날 밤에 자다가 잠시 일어났는데 눈에 보이진 않았으나 방 어딘가에서 자신을 지켜보고 있는 어떤 존재를 느꼈다. 잠시 뒤 보이지 않는 존재가 다가오는 발소리가 들렸고 곧이어 그의 목에 차가운 숨결이 느껴졌다. 그 이후로도 그는 밤마다 웃음소리를 듣고 그 존재를 느끼고 방을 돌아다니는 그림자를 보기도 하고 침대 구석에 앉아 있는 어떤 존재의 무게를 느끼기까지 했다. 당연히 그는 너무나 무서웠고 수면 마비를 겪는 사람들 대부분이 그렇듯 또 방 안에 무언가가 있을까 봐 잘 시간만 되면 불안해졌다. 하루는 잠에서 깼을 때 몸을 조금도 움직일 수가 없는 상태에서 팔이 괴상하리만치 길고 얼굴이 없는 남자가 침대에 기어 올라와 서서히 그의 가슴 위에 엎드려 숨통을 조여 오는 모습을 똑똑히 보기도 했다.

누구나 예상할 수 있듯 그는 머리털이 쭈뼛 설 정도로 소름이 돋았다. 하지만 그의 가슴을 누르던 남자가 갑자기 사라진 뒤 바로 다시 잠든 까닭에 그의 아내는 아무것도 눈치채지 못했다. 그는 과학적으로 따져 봤을 때 본인의 감각에 이상이 생겼다고 판단했고, 자신의 증상을 초자연적 현상으로 해석하지 않는 의학적인 설명이 듣고 싶어졌다. 실제로 그의 증상은 아주 전형적인 수면 마비 증상이었다. 불안, 스트레스, 수면 부족, 시차그의 경우는 시차 문제였다, 낮잠이나 쪽잠이 원인이 되는데 그는 별장이라는 새로운 환경에서 휴가를 보내면서 수면 마비를 처음으로 경험하게 된 것이다.

  또 다른 사례로 얼마 전에 신경 질환이 있는 67세 환자가 딸과 함께 상담 센터를 찾은 적이 있다. 그녀의 딸은 별장 사례보다 훨씬 더 끔찍한 이야기를 하면서 "제발 엄마가 편안해지기만을 바란다"고 했다. 그녀는 대상포진을 반복적으로 앓고 나서 후유증으로 다리에 몇 년째 신경통을 달고 사는 상태였다. 그런데 몇 달 전부터 하루에도 몇 번씩 보이지 않는 손가락이 다리를 만지는 듯한 느낌을 받기 시작했다. 그 느낌은 갈수록 분명해졌고 처음엔 손가락 몇 개였지만 점점 여러 개의 손이 그녀의 다리를 잡기 시작했다. 그러다 며칠 동안 밤마다 얼굴이 잘 보이지 않는 어두운 형체의 사람 열 명 정도가 침대 주변에 보이는 지경에 이르렀다. 그녀는 그중 하나가 자신의 종아리를 잡고 침대에서 끌어내리려고 했다고 설명했다. 그 존재가 다리를 잡는 느낌, 침대에서 미끄러져 내려가는 느낌이 생생했지만 실제로는 몸을 움직일 수가 없었기 때문에 침대에서 떨어지지는 않았다고 했다. 그러다 그녀를 침대에서 끌어내리려는 존재가 다름 아닌 약 20년 전 세상을 떠난 자신의 남편이라는 확신이 들었지만 두려움은 사라지지 않았다. 몇 주 뒤 그녀는 가구 주변을 기어다니는 바퀴벌레 떼를 보고, 음악 소리를 듣고, 낯선 향수 냄새를 맡았는데 자신의 죽은 남편이 독한 향수를 살포해서 그녀를 죽이고 집을 차지하려

한다는 생각까지 들었다.

알고 보니 그녀는 루이소체치매를 앓고 있었다. 그래서 신체와 주변 환경에서 생성되는 자극을 통합하고 해석하는 주요 뇌 구조와 인지 과정이 붕괴했다. 자세한 사항은 뒤에 가서 더 설명하겠지만 우선 그녀는 신경통을 통증이라고 인지하는 능력을 상실하여 결국 통증이라는 감각에 다른 의미를 부여하게 되었다. 그래서 그녀가 '손'이 나타난 뒤로는 다리가 아프지 않았다고 한 것이었고 이는 당연한 현상이었다. 신경 퇴행과 그로 인한 점진적 뇌 기능 장애가 바로 뇌가 모든 감각을 잘못 해석하고 그녀만의 세계를 창조하게 만든 원인이었다.

사건수면parasomnia 혹은 수면 장애, 내지는 신경 퇴행성 질환에 관련된 지식이 없다면 위와 같은 경험을 한 사람이나 그 이야기를 전해 들은 사람이 어떤 상상의 나래를 펼쳤을지 짐작해 볼 수 있다. 그렇다면 밤에 일어나는 이상한 현상이 전부 수면 마비로 인한 것일까? 대부분은 그렇다고 할 수 있지만 수면 마비 말고도 각성 상태에서 수면 상태로 전환할 때 발생하는 입면 시 환각, 반대로 수면 상태에서 각성 상태로 전환할 때 발생하는 각성 시 환각도 원인이 될 수 있다. 외계인이 나타나서 접근했을 가능성은 가장 낮다. 어쨌든 과학은 여러 방법으로 가설을 시험하고 대조하고 반박하고 검증하고 반대하는 학문이다. 지금까지 수면 마비와 전환 시 발생하는 환각이라고 인정되었던 것도 나중에는 틀린 가설이었다고 밝혀질 수도 있다. 하지만 아직까진 이를 대체할 만한 가설이 등장하지는 않았다.

9장

어떤 존재에 대한 망상

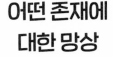

사람인지 동물인지 정확히 알 순 없지만 어떤 존재가 내 곁을 맴도는 것 같은 느낌. 이런 존재감은 TV를 보거나 거리를 걸을 때처럼 정신이 아주 맑은 상태에서도 느낄 수 있다. 즉 존재감이란 각성에서 수면으로 혹은 그 반대로 전환할 때만 겪는 현상이 아니다. 당연하다. 다른 무언가의 존재를 느끼게끔 하는 가장 큰 원인은 바로 혼자 있을 때 느끼는 두려움이기 때문이다. 특히 집에서 혼자 TV에서 방영하는 범죄나 사건 프로그램에 푹 빠져 있을 때 갑자기 이상한 소리가 들린다거나 집에 누군가가 있는 것만 같은 느낌을 받곤 한다. 아마도 두려움이 경보 시스템을 작동시키면서 존재감을 느꼈을 수 있다. 앞서 다뤘던 앞면 주의 네트워크는 가용한 정보를 총동원하여 우리 주변에서 일어나는 모든 일을 끊임없이 평가하고 해석한다. 두려움은 습관적으로 발동하는 수많은 인지 과정을 조절하고 그 과정에 개입하여 우리의 이성적인 판단을 제어하는 능력이 있다. 집, 숲속, 낡은 창고에 혼자 남겨진 불안한 상황에서는 내 주변에 위험 요소가 없도록 꼼꼼히 확인하는 감독 시스템이 더 신속하게 열심히 작동한다. 평소라면 감독 시스템이 늘 있던 자극을 무시했을 테지만 특수 상황에서는 주변 분석 능력을 최대한으로 끌어올린다는 의미다. 그 결과 일상에서는 거의 느끼지 못했던 자극과 감각이 긴장 상태에서는 우리의 의식 수준까지 침범해 평소와는 다르게 으스스한 느낌이 들거나 이상한 소리가 들리는 것이다.

이전 장에서 파킨슨병 환자가 주로 겪지만 정상적인 사람도 충분히 경험할 수 있는 현상이라고 언급했던 존재에 대한 환각과는 다르다. 존재에 대한 환각을 체험한 사람들은 자신의 오른쪽 또는 왼쪽 등 뒤에 분명히 누가 앉아 있었다는 식으로 상당히 구체적인 존재를 느낀다. 우리가 소파에 앉았을 때 등 뒤에 누군가가 가만히 앉아 있는 듯한 느낌의 정적인 존재일 수도 있지만 걷는 동안 우리를 따라오는 동적인 존재일 수도 있다. 어떤 경우는 그 존재의 숨결이나 온도가 느껴지기도 하고, 그 존재가 나를 건드리거나 문지르는 것이 옷의 촉감으로 느껴지는 등 다른 감각과

연계되어 더 복잡한 경험으로 이어지기도 한다.

루이소체치매 환자들 사이에서는 위와 비슷하게 나를 쫓아다니지는 않지만 집 안 어딘가에 불청객이 있다고 느끼는 유령 거주 망상phantom boarder이 흔히 확인된다. 불명의 존재를 가까이서 또는 등 뒤에서 느끼는 환각과는 다르지만 기본적으로 아주 비슷한 신경 메커니즘에 의해 발생하는 현상이다.

우리의 뇌는 외부 환경과 신체 내부에서 발생하는 모든 신호를 쉴 새 없이 처리하고 통합한다. 그 결과 시각, 청각, 촉각, 후각뿐만 아니라 내부에서 발생하는 감정을 비롯해 우리 몸의 자세와 움직임, 어떤 공간 내에서의 위치 등을 모두 종합한 통합 감각이 형성된다. 이 모든 과정을 통틀어 감각 운동 통합sensori motor integration이라 칭한다. 감각 운동 통합은 다양한 뇌 시스템을 거쳐 생성되는 정보를 통합하는 전두엽, 그중에서도 두정엽이 담당한다.

감각 운동 통합 덕분에 우리는 팔이 어디에 있는지 알 수 있다. 팔이 몸 어디에 있는지, 외부에서 봤을 때 어떤 자세를 취하고 있는지에 대한 고유감각proprioceptive sense 신호를 수신하기 때문이다. 그런데 감각 운동 통합 과정을 '해킹'하여 뇌에 심각한 혼란을 초래할 수도 있다. 고무손 착각 현상rubber hand illusion이 대표적인 예다. 한쪽 손을 눈에 보이지 않는 곳에 편하게 두고 실제로 손이 있을 법한 곳에 고무손을 눈에 보이도록 둔다. 그리고 실제 손과 고무손을 똑같이 간지럽히면 실제 손으로는 촉각을 느끼면서 고무손을 통해 어떻게 손을 간지럽히고 있는지 보게 된다. 이때 감각 운동 통합이 일어나면서 고무손이 진짜 내 손이라고 착각하는 것이다. 그래서 갑자기 고무손을 때리려고 하면 고무손이 마치 내 손인 것처럼 팔을 떼려고 하는 반응을 보인다. 반대로 감각 운동 통합 과정에 이상이 생겨서 신체 부위 일부와 관련한 감각을 통합하는 데 실패하면 본인의 사지를 인지하지 못하는 신체망상분열증somatoparaphrenia이나 한쪽 손에 자아가 생긴 듯이 자신의 의지와는 상관없이 움직이거나 제스처를 취하는 외계인손증후군alien hand syndrome과 같은 신경학적 증상이 나타난다.

존재에 대한 환각과 유령 거주 망상의 원인에 대한 연구가 활발하게 이뤄진 덕분에 감각 운동 통합 과정에 지장이 생기면 특정 질환이 있는 환자들뿐만 아니라, 특별한 질환이 없는 사람들에게서도 두 증상이 나타날 수 있다는 점이 밝혀졌다.

사실 나는 감사하게도 제네바에 있는 올라프 블랑케Olaf Blanke 박사의 연구소에서 훌륭한 팀과 함께 존재에 대한 환각을 연구하고 있다. 인위적이고 통제된 방식으로 존재에 대한 환각을 유발하여 이 과정에서 신경 메커니즘이 어떻게 작용하는지 더 잘 이해하기 위한 실험을 진행 중이다. 실험을 통해 존재에 대한 환각에서 느껴지는 등 뒤의 존재와 유령 거주 망상 현상에서 느껴지는 집 안의 불청객이 결국은 우리 자신, 즉 감각 운동 통합에 오류가 생겨 위치 입력이 잘못된 우리의 몸이라는 걸 알아냈다. 무슨 말인지 이해가 되지 않을 것이다. 내가 X라는 장소에 있다고 생각해 보자. 감각 운동 통합 기능이 작동하면 내가 X에 있다는 것을 알 수 있다. 만약 내가 오른쪽으로 몇 미터 이동하면 내가 다른 장소로 자리를 옮겼다는 걸 느낄 수 있다. 손을 올리면 올리는 느낌이 들고 손을 내리면 그 즉시 손이 내려가는 느낌이 든다. 그런데 신체 일부나 내 몸 전체가 움직였는데 감각 운동 통합 과정에 시차가 발생한다면 무슨 일이 생길까? 내가 X에 있는 걸 봤는데 다른 공간에 있는 듯한 느낌을 받게 될 것이다. 마치 내 몸 전체가 거대한 고무손이 된 것처럼 나의 뇌는 X에서 몇 미터 이동한 내 몸을 내 몸이라 인지하지 못하고 아직도 내가 X에 있다고 생각한다.

뇌는 외부 상황을 해석할 때 개연성을 만들기 위해 사전 지식을 활용하기 때문에 주변에서 느껴지는 다른 존재를 나와 구분하고 서로 다른 존재라고 인식하는 것은 당연한 결과다. 나는 여기 있는데 저기서 다른 존재가 느껴진다면 뇌는 당연히 저기 있는 존재는 내가 아닌 다른 사람이라는 결론을 내릴 수밖에 없다.

이러한 비동기화desynchronization는 병이 있든 없든 드물게 비현실감derealization 또는 거울에 비친 내가 낯설게 느껴지는 현상으로 이어질 수 있다.

우리는 항상 주변 환경과 사람들을 직접 보면서 외부의 정보를 얻는다. 반면 자아가 너무 강한 나르시시스트가 아닌 이상 종일 거울이나 핸드폰만 보고 있지는 않기에 내 모습은 거의 보지 못한다. 그래서 다른 사람이 말하는 내 모습과 거울을 통해 보는 내 모습이 불일치할 수밖에 없다.

내가 어떻게 생겼는지 확인하고 그 이미지를 기억하는 건 거울을 보는 그 순간에 일어나는 과정이다. 그때가 아니면 딱히 내 얼굴을 볼 일이 없다. 어쨌든 뇌는 거울에 비친 나의 모습을 나라고 받아들인다. 내가 알고 있는 내 얼굴이 거울 속에 있고, 거울 앞에서 움직이면 거울에도 그 움직임이 보이므로 그것을 나라고 인식하기 때문이다. 하지만 고무손처럼 인위적으로 착각을 유발할 수도 있고, 실제로 내가 있는 장소와 그렇게 느껴지는 장소 간 불일치로 인해 존재 환각이 생기면서 동기화에 실패할 수도 있다. 거울을 볼 때 그런 문제가 생긴다면, 분명 얼굴을 움직이고 있는데 뇌가 느끼는 것과 다르다면, 거울에 있는 인물이 누구인지 알아보지 못하는 재생가능기억착오증reduplicative paramnesia이 발생할 수 있다.

대충 지어낸 얘기가 아니냐고 한다면 실험을 통해 인위적으로 이 현상을 유도하고 검증하여 답할 수 있다. 올라프 블랑케 박사는 실험에서 실제 행동과 거울에 비친 이미지가 달리 보이게 하는 환경을 인위적으로 조성하면서 거울에 비친 사람이 누구인지 식별하지 못하는 일종의 해리 현상을 유도했다.

이러한 정체성 장애는 특정 정신 질환이나 신경 퇴행 질환 환자들이 자주 겪는 아주 복잡한 장애이며 증상도 다양한데 흥미로운 점이 많아서 짧게나마 다뤄 보겠다.

정체성 장애가 생기면 뇌가 외부 세계를 해석하는 방식에 문제가 생겨 아주 이상하고 기막힌 증상이 나타난다. 그중 하나는 장소에 대한 반복성기억착오증reduplicative paramnesia이다. 이 증상이 있는 사람은 집에 있으면서도 자신이 있는 장소가 본인의 집이 아니고 '복제'된 공간, 즉 본인의 집과 똑같은 가구와 방 배치로 구성된 다른 공간이라고 느낀다. 그래서 누군가가 어떻게 본인의 집과 똑같은 집에 왔는지, 어떻게 다른 사람이 자신이 사는 집과 똑같은 집을 만들게 된 건지 물어보면 이야기를 창작하기 시작한다. 얼마 전에 만났던 환자는 아주 멀쩡한 말투로 누군가가 그녀의 집 바로 앞에 똑같은 집을 짓고 심지어는 터널을 뚫어서 잠이 든 자신을 그 집에 옮겨 두었다고 했다. 이유는 잘 모르겠지만 지금 있는 집이 형태는 똑같아도 본인의 집은 아니라고 했다. 정체성 장애로 생기는 또 다른 증상으로는 카그라스증후군

Capgras syndrome이 있다. 카그라스증후군은 집이 아닌 사람이 '복제'되었다고 믿는 증후군이다. 예컨대 본인의 배우자가 옆에 있는데 그 사람은 본인의 배우자가 아니며 배우자로 위장하고 비슷하게 행동하는 사기꾼이라고 확신한다. 심지어는 그 사기꾼이 사망한 사람이라거나 다른 가족이라고 생각하는 경우도 있다. 처음엔 신경 퇴행이 진행되는 줄 알았으나 알고 보니 전두측두엽에 종양이 생긴 환자를 만난 적이 있는데 그 환자가 바로 이런 증세를 보였다. 그녀는 자신의 옆에 앉아 있는 남자가 전 남편으로 위장한 사촌이라고 했다. 그녀는 딱 한 번 결혼했고 당연히 옆에 있는 사람도 본인의 남편이었다. 하지만 남편을 알아보지도 못했을 뿐더러 자신의 남편은 최근 호텔에서 만난 사람이라고 우겼다.

한편 프레골리증후군Fregoli syndrome은 모든 사람이 실은 다른 사람인 척하는 한 사람이라고 믿는 증후군이며 역전변형망상reverse intermetamorphosis delusion 환자는 자기 얼굴이 점점 다른 사람의 얼굴로 변하고 있다고 믿으며 결국 거울 속 모습을 자신이라고 인지하지 못하는 지경에 이른다.

하지만 뭐니 뭐니 해도 정체성 장애로 유발되는 가장 특이한 증상은 단연 코타르증후군Cotard's syndrome이다. 다른 이름으로는 허무망상nihilistic delusion으로, 엄밀히 말하면 신경 질환보다는 정신 질환 분야에서 더 자주 볼 수 있는 증상이다. 코타르증후군 환자는 자신이 죽었거나, 수명이 다했거나, 장기가 없거나, 장기가 몸 안에서 분해되고 있거나, 혈액이 없거나, 신체 일부가 썩고 있거나, 자신이 존재하지 않거나 혹은 유령이거나, 죽은 뒤 영원한 형벌을 받고 있거나, 본인을 둘러싼 현실이 실은 생명이 없는 상태로 경험하는 환상이라고 믿는다.

10장

유체 이탈

자다가 눈을 떴을 때, 침대에 누워 있는 자기 모습을 천장에서 내려다보는 듯한 기묘하고 낯선 느낌. 이와 비슷한 이야기를 많이 들어 보지 않았는가? 심지어는 직접 경험해 보았을 수도 있다. 이 현상은 전문 용어로는 자기상환시autoscopy, 영어로는 OBEout-of-body experience라고 칭하는 유체 이탈 현상이다.

유체 이탈은 육체와 분리되어 자기 모습을 멀리서 바라보는 듯한 경험이다. 주로 각성-수면-각성으로 이어지는 수면 전환 단계에서 경험하며 천장에서 침대에 누운 자신을 바라보는 증상이 가장 흔하다. 물론 길을 걷는 도중에 조감도처럼 자신을 뒤에서 보았다는 사람들도 있다.

지극히 일반적인 사람도 가끔 유체 이탈을 겪을 수 있으며 특정 신경 질환, 특히 뇌전증을 앓는 사람은 더 자주 경험한다고 알려졌다. 또 죽음을 경험한다는 '임사 체험' 당시 유체 이탈을 겪었다는 사람들도 있는데 이에 관해서는 다른 장에서 다루겠다.

뇌에는 '측두-두정 접합부'라는 부위가 있다. 측두-두정 접합부는 신체 지각body perception과 자기 인식self-awareness 과정에서 다중 감각을 처리하고 통합하는 중추적 역할을 한다. 앞서 언급한 다중 감각 통합을 담당하는 영역이 바로 측두-두정 접합부다. 올라프 블랑케 박사가 실시한 연구에 따르면 신경 질환 환자 중 유체 이탈을 경험한 환자는 모두 측두-두정 접합부가 정상적으로 기능하지 않았다. 또 약물 난치성 뇌전증 중증 환자를 대상으로 뇌의 표면에 전기 자극을 주는 수술을 할 때 측두-두정 접합부를 자극하면 환자가 유체 이탈을 경험한다는 것도 알 수 있었다. 올라프 블랑케는 경두개자기자극술transcranial magnetic stimulation로 측두-두정 접합부를 인위적으로 자극할 수 있으며 그러한 자극이 유체 이탈이라는 복잡한 현상을 유발한다는 결론에 도달했다. 이로써 뇌 기능 조직은 매우 복잡하고 자극에 취약하므로 신경 질환이 없는 사람이라도 측두-두정 접합부에 일시적으로 이상이 생기면 누구나 유체 이탈을 경험하리라는 타당한 가설을 수립할 수 있다.

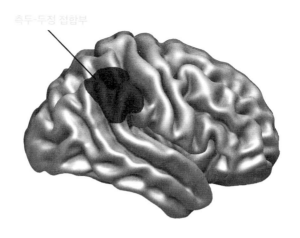

측두-두정 접합부

측두-두정 접합부의 위치

유체 이탈은 꼭 기저 질환이 있어야만 겪는 현상은 아니며 기저 질환이 있다고 해도 편두통처럼 비교적 가벼운 질환 정도일 수 있다. 하지만 뇌에 심각한 문제가 생긴 게 아니고서야 설명이 안 될 만큼 심각하고 이상한 유체 이탈 현상이 발생할 때도 있다.

보통 유체 이탈을 경험할 때 나의 육체를 보면서 나도 같은 장소에 있다고 느낀다. 다시 말해 침대에 누운 나의 육체를 높은 곳에서 보고 있다면 나는 지금 내 육체와 같은 방의 천장에 있다고 느낀다. 간혹 육체는 침대에 누운 채 고정되어 있는데 나는 그 공간 안에서 움직이기도 한다. 유체 이탈과 비슷하면서도 매우 다른 특징을 지닌 자기환영heautoscopy이라는 현상도 있다. 나와 똑같이 생겼으면서 자아가 있는 제삼자를 보는 현상이다. 무슨 이유에서인지 내가 내 육체에서 추방되어 갑자기 나의 모습을 보게 되는데 이때 보이는 나의 분신은 유체 이탈 경험에서 보는 나처럼 가만히 있지 않고 자기 의지가 있으며 보통은 악하게 행동한다.

아마 우리가 여러 문학 작품에서 수도 없이 보았던 사악한 도플갱어 이야기가 자기환영 현상에서 착안한 이야기일 것이다. 도플갱어는 내 분신이지만 자기 몸이 따로 있으며 자기 의지로 악행을 저지른다는 점이 굉장히 흥미롭다. 그래서 다른 사람들이 도플갱어를 봤을 땐 그저 어떤 사람이 나쁜 짓을 저지른다고만 생각할 뿐 몸의 주인이 따로 있다는 것까지는 눈치채지 못한다.

얼마 전 유전자 돌연변이로 인해 헌팅턴병Huntington's disease에 걸린 청년의 사례를 연구한 적이 있다. 그는 처음엔 존재 환각을 경험하다가 나중에는 유체 이탈 현상을 여러 차례 겪었다. 얼마 지나지 않아 그는 스스로 통제가 되지 않는 상황에 겁이 난 나머지 우리 상담 센터까지 찾아왔다. 그가 말하길 여자 친구와 잠자리를 갖는 중에 자신이 육체에서 빠져나왔고 그가 '그자'라고 칭한 자신의 분신이 여자 친구에게 극도로 폭력적인 성적 행위를 가하는 장면을 높은 곳에서 보았다고 했다. 그는 위에서 그 모습을 지켜보기만 할 뿐 아무것도 할 수 없었고 나중에 다시 몸으로 '돌아갔을 때' 실제로 자기의 몸이 여자 친구에게 폭력을 행사했다는 것을 알게 됐다. 여자 친구가 그에게 그만하라고 애원하던 그 순간에 몸으로 돌아갔기 때문이다. 그는 대중교통을 이용할 때도 비슷한 경험을 했다. 자신의 분신이 대중교통을 이용하는 여성들에게 온갖 음란 행위를 저지르고 있었다.

그의 사례는 한눈에 봐도 굉장히 난해하고 아찔하다. 그의 증상은 본질적으로 신경 퇴행 과정과 관련이 있다. 그의 경우가 아주 극단적이기는 해도 정상적인 사람이 유체 이탈을 겪는 신경학적 배경 또한 거의 같다. 하지만 환자와 달리 건강한 사람은 뇌에 구조적인 손상을 입은 것은 아니고 그저 시스템이 자주 말썽을 부리는 편이라 종종 특이한 경험을 하게 되는 것이다.

사실 유체 이탈이나 자기 환영처럼 나의 육체를 제삼자의 관점에서 느끼고 보는 현상은 그 원인을 밝히는 신경학적 질문보다는 오히려 철학적인 질문을 던지게끔 한다. 의식이라는 게 뇌 기능의 산물 또는 결과이며 나는 내 의식으로 이루어진 존재라면 유체 이탈을 경험하는 동안 나의 의식은 어디에 있는가? 나아가 도플갱어의 행동을 조종하는 의식은 대체 어디 있으며 그 주인은 누구란 말인가?

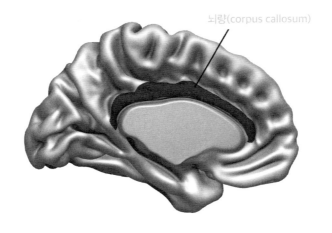

뇌량(corpus callosum)

뇌량의 위치를 보여 주는 그림. 신경 섬유들로 구성된 뇌량은 좌우 반구가 소통할 수 있도록 연결하는데, 연결이 끊어지면 이 장에서 다루는 증상들이 나타난다.

 나는 이 모든 현상이 뇌의 이상 때문이라는 것만 확신할 수 있을 뿐 철학적 질문에 관한 답은 내릴 수 없다. 그러나 답은 내리지 못할지언정 인간의 의식과 갑작스러운 해리 현상을 자세히 보여 주면서 철학적 질문과도 관련 있는 신경학적 질환들이 있다. 특수한 경우 뇌를 잘라야 하는 질환들이다. 즉 한쪽 반구를 다른 반구와 분리해야 해서 교련절개술commissurotomy이나 뇌량절제술callosotomy이라는 두 가지 신경외과 수술 중 하나를 진행한다. 뇌량을 통해 뇌의 좌우 반구를 연결하던 신경 섬유 다발을 자르는 수술이다. 뇌 전반으로 뇌전증이 퍼져 약리학적으로도 통제가 불가할 때 수술이 이루어진다.

뇌를 절제하는 수술이 처음 시행됐을 때부터 환자들을 대상으로 연구가 활발히 진행되었다. 그중에서도 신경과학자 로저 울컷 스페리Roger Wolcott Sperry, 노벨상 수상자와 심리학자 마이클 S. 가자니가Michael S. Gazzaniga의 연구가 뇌량 절단의 결과가 인지 및 인식에 미치는 영향을 이해하는 데 지대한 역할을 했다. 둘은 연구 초기에 시각 또는 촉각에 집중해서 실험을 진행했다. 실험을 설명하기에 앞서, 신경계에 의한 인지 및 운동 과정은 좌뇌가 우뇌를 통제하고 우뇌가 좌뇌를 통제하는 상호 교류 방식으로 이루어진다는 점을 기억해야 한다. 따라서 뇌에 들어 온 정보는 처리되는 도중에 뇌량을 통해 한쪽 반구에서 다른 반구로 이동한다.

스페리와 가자니가는 시각 실험에서 환자들의 왼쪽 시야와 오른쪽 시야를 분리해서 양쪽 눈으로 동시에 시각 자극을 인지할 수 없도록 했다. 환자들은 무언가 보이면 벨을 울리라는 요청을 받았다. 여기까지는 딱히 어려운 부분이 없었다. 하지만 무엇을 보았는지 말해 달라고 하면 환자들은 오른쪽 눈으로 본 것, 즉 좌뇌에서 처리된 대상의 이름만 답할 수 있었다. 반대로 왼쪽 눈에 자극을 가하고 무엇을 보았냐고 물으면 환자들이 분명 자극을 느껴서 벨을 울렸는데도 아무것도 보지 못했다고 했다. 그런데 여러 선택지를 주고 그중 하나를 고르라고 하면 환자들은 왜인지도 모른 채 정답을 골랐다. 심지어 본 적이 없다고 했음에도 그들에게 보여 준 대상을 정확하게 그리기까지 했다. 왼쪽 시야에 들어온 자극이 우뇌에서 처리된 뒤에 언어와 의미 체계를 담당하는 좌뇌까지 다다라야 시각 자극에 의미 부여가 가능한데, 그렇지 못했기 때문에 오른손은 그려야 하는 대상이 무엇인지 알지 못했는데도 말이다. 촉각 실험도 비슷했다. 환자들이 앞을 보지 못하는 상태에서 오른손에 있는 물건의 이름은 댈 수 있었으나 왼손에 있는 물건의 이름은 떠올리지 못했다. 하지만 앞에 있는 물건 중 하나를 왼손으로 골라 보라고 하면 어렵지 않게 정답을 찾아냈다.

두 사람은 분명 좌뇌와 우뇌의 고유한 기능을 밝혀내는 혁혁한 공을 세웠지만 내가 말하고 싶은 내용은 따로 있다. 분리 뇌 실험 덕분에 인간의 의식에 관한 또 다른 흥미로운 점도 알게 되었다는 점이다. 이를테면 환자에게 왼손으로 무엇을 하고 있는지 말로 설명하라고 하면 그 행동을 하는 이유를 지어내서 말했다. 환자의 우뇌에는 '미소', 좌뇌에는 '얼굴'이라는 단어를 제시하고 본 것을 그려 보라고 하면 환자는 웃는 얼굴을 그렸다. 그런데 왜 웃는 얼굴을 그렸냐고 물어보면 "슬픈 얼굴을 보고 싶어 하는 사람은 없으니까"라는 이유를 댔다. 또 다른 실험에서는 교련절개술을 받은 여성의 우뇌에 벌거벗은 남자의 이미지가 제시되자 그녀는 웃기 시작했다. 왜 웃냐고 물어보니 이미지를 보여 주는 방식이 웃긴다고 답했다. 두 개의 이미지를 동시에 좌뇌와 우뇌에 따로 보여 주는 실험은 더 흥미로웠다. 환자에게 이미지를 보여 주고 몇 가지 사물을 보기로 제시하면서 앞에서 봤던 이미지와 관련이 있는 것을 고르고 그 이유를 설명하라고 했다. 한 실험에서 환자에게 우뇌에는 땅에 눈이 덮인 겨울 풍경을 보여 주고 좌뇌에는 닭발 사진을 보여 주었다. 그리고 왼손으로 앞에서 봤던 사진과 관련된 것을 고르라고 하니 환자는 삽을 골랐다. 왜 삽을 골랐는지 물어보자 환자는 닭장을 청소할 때 삽이 필요하기 때문이라고 했다. 우뇌로 본 것이 뭔지 알 수 없는 좌뇌는 왼손이 고른 것, 즉 삽을 보고 좌뇌에 입력된 정보 닭발를 이용해 삽을 고른 이유를 지어낸 것이다.

이 실험은 한편으로는 앞에서도 다뤘던 뇌의 습성을 다시 한번 보여 준다. 바로 뇌가 지닌 정보가 충분하지 않을 때 뇌가 공백을 '메운다'는 것이다. 하지만 뇌가 분리되면 한 사람의 의식도 두 갈래로 나눠지는 것처럼 보인다는 것이 아무래도 가장 놀라운 점이다. 이런 현상은 분리 뇌 환자가 일상에서 반복적인 업무를 처리할 때 더 두드러지게 나타난다. 주로 한쪽 신체가 하는 일의 반대되는 일을 다른 쪽 신체가 하는 경우다. 예를 들면 한 손으로는 셔츠의 단추를 채우는데 반대 손은 단추를 풀려고 하는 것이다.

그럼 대체 진짜 내 손은 어느 손일까? 단추를 채우는 손일까, 풀려는 손일까?

신경 퇴행 질환 중 피질기저핵퇴행corticobasal degeneration은 전두엽과 두정엽에서 뇌 손상이 일어나 신체의 비대칭 증상이 현저하게 나타나는 질환이다. 뇌의 한쪽 반구는 비교적 손상이 적은데 반해 나머지 한쪽에서는 명백한 신경 퇴행 징후가 나타난다. 피질기저핵퇴행 환자 다수가 외계인손증후군을 경험한다. 처음에는 한쪽 손으로 특정 제스처나 자세를 취하는 능력이 점점 퇴화하다가 나중에는 사지운동실행증upper limb ideomotor apraxia으로 이어진다. 피질기저핵퇴행이 진행되면서 실행증이 생긴 손은 방치된다. 예컨대 환자에게 그 손을 보여 달라고 하면 환자는 마치 한쪽 손이 없다는 듯이 어떤 손을 보여 달라고 하는지 모르겠다는 반응을 보인다. 하지만 놀랍게도 뇌와 분리된 한쪽 손이 환자의 의도와는 상관없이 저절로 움직이기 시작할 때도 있다. 이런 경우 사지가 어떻게 저절로 물건까지 닿고 잡으려고 하는지 비교적 쉽게 확인할 수 있다. 또 환자가 그 손에 불을 켜라고 지시하는 등 어떻게든 손이 제 기능을 하도록 명령을 내리는 아주 흥미로운 사례도 있다.

지금까지의 내용을 미루어 보았을 때 특정한 조건하에서 우리의 의지, 지식, 비언어적 의도, 의식적인 계획, 통제를 벗어난 알 수 없는 무언가가 등장한다는 것을 알 수 있다. 이 비밀스러운 존재는 병에 걸렸을 때만 나타나는 것일까, 아니면 우리가 느끼지 못하더라도 항상 어딘가에 있는 걸까? 만약 항상 있는 것이라면, 그 어딘가가 바로 우리 몸의 일부라면, 그 존재는 과연 무슨 일을 하며 그 존재의 행동을 통제하는 것은 누구란 말인가?

11장

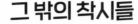

그 밖의 착시들

사실 앞의 사례들은 흔치 않고 가끔 나타나는 현상들이다. 하지만 앞의 경우보다 정도는 덜하더라도 누구나 혼란스럽고 무섭고 기괴한 경험을 언제고 할 수 있다. 잠깐 헛것을 보기도 하고, 내가 본 것이 무엇인지 알아차리지 못하고, 분명 봤는데 다시 보니 없고, 현실에는 절대로 없을 법한 것을 본 적이 있을 것이다.

착시 또는 환각은 이전 장들에서 설명했던 주의력과 기억을 비롯해 예측, 가능성, 사전 지식을 토대로 뇌가 만드는 가장 그럴듯한 현실과 깊은 관련이 있다. 앞서 말했듯 인간에게는 비교적 원초적인 주의 시스템이 있다. 이 시스템은 주변을 감시하되 외부의 자극을 해석하느라 특별히 애를 쓰지는 않는다. 우리가 어떤 물체에 시선을 고정하면 주변 풍경이 시야에 흐릿하게 들어오지만 그쪽으로 주의를 돌리지 않으면 주변에 무엇이 있는지 정확히 알 수 없다. 시각 기억visual memory에 주변 사물과 그 위치에 대한 입력된 정보가 없다면 우리는 주변에 무엇이 있는지 모른다. 그러니까 주변을 자세히 둘러보는 게 아니라면 자극 인지가 아닌 기억에 의존해 무엇이 있는지 파악한다.

앞면 주의 네트워크 말고도 우리가 주의 깊게 보는 정보를 인식하고 가공하는 과정을 도와주는 또 다른 주의 시스템이 있다. 바로 전두엽, 두정엽, 측두엽 전반에 걸쳐 형성되어 있는 후면 주의 네트워크dorsal attention network다. 후면 주의 네트워크는 어떤 대상에 직접적으로 주의를 기울일 때 발동하고, 집중하고 있는 대상에 의미를 부여하기 위해 기억 속에 저장된 정보를 활용한다. 결과적으로 우리가 집중력을 발휘해서 무언가를 보고 들을 때의 자극을 인지하고 그 의미를 파악하도록 해 준다.

이 두 가지 주의 네트워크에 더해 세 번째 주의 네트워크가 있다. 다름 아닌 인간만이 가능한 성찰, 상상, 무엇보다 내면에의 집중을 담당하는 네트워크다. 인간은 마법에 걸리거나 신비로운 체험을 하지 않고도 스스로 내면에 집중할 수 있으며 내면에 떠오르는 풍경과 감각을 느끼고, 상상의 세계를 구축하고, 과거를 되새기며, 미래를 그릴 수 있다. 기본 모드 네트워크default mode network가 바로 내면의 집중을 담당하는 시스템이다. 기본 모드 네트워크는 뇌 영상 기술로 뇌가 휴식 중일 때의 신경 활성화 패턴을 관찰하던 중 우연히 발견되었다. 처음 발견되었을 때의 가설은 뇌가 쉬면 기본 모드 네트워크도 같이 쉰다는 것이었다. 하지만 실제로는 완전히 반대였다. 기본 모드 네트워크는 우리가 외부의 정보에 집중하지 않고 내면의 복잡한 세계를 만들고 경험할 때 활동하기 시작했다.

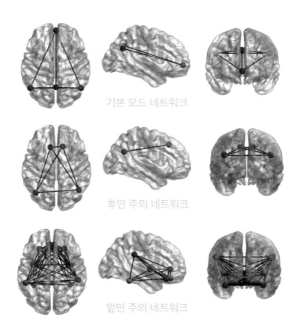

기본 모드 네트워크

후면 주의 네트워크

앞면 주의 네트워크

기본 모드 네트워크, 후면 주의 네트워크, 앞면 주의 네트워크를 이루는 뇌의 영역을 표시한 그림. 각 네트워크가 작동할 때 동시에 활성화하는 뇌의 영역이 모두 다르다.

우리 뇌에서는 각 주의 시스템이 작동할 때 기본 모드 네트워크는 앞면 주의 네트워크, 후면 주의 네트워크와 활동이 겹치지 않도록 설정되어 있다. 즉 내면에 집중하는 기본 모드 네트워크는 외부 세계를 탐구하는 앞면 및 후면 주의 네트워크와 동시에 깨어 있을 수 없다. 양립할 수 없는 것이다. 머릿속 상상의 나래를 펼치는 데 주력하는 기본 모드 네트워크가 외부 세계의 분석까지 맡는다면 굉장히 비효율적이고 정확도도 장담할 수 없으므로 시스템 간 역할이 나뉘었다. 인간의 적응력은 실로 놀랍다.

기본 모드 네트워크는 우리가 내면에 집중할 때뿐만 아니라 의식적 경험conscious experience을 할 때도 핵심 역할을 한다. 의식적 경험은 기본 모드 네트워크의 중앙 노드인 쐐기앞소엽precuneus이 없으면 불가능하다. 뇌의 뒤쪽과 중앙부에 있는 쐐기앞소엽은 기본 모드 네트워크가 구성하는 여러 시스템을 비롯한 뇌의 여러 요소와 소통하면서 시각, 청각, 촉각, 내면의 감각, 공간, 기억과 관련한 정보를 수신하고 통합한다. 쐐기앞소엽이 하는 일이 어떻게 의식적 경험으로 이어지는지 조금 더 쉽게 비유해 보자면 주변에서 일어나는 일, 뇌가 통합한 내용, 내면의 감상을 한꺼번에 한 화면에 비추는 것이다. 만약 우리가 속으로 생각하고 느끼고 경험하는 것을 볼 수 있는 내면의 눈이 있다면 쐐기앞소엽이 하는 일을 영화를 보듯 감상할 수 있을 것이다. 아주 간추려 말하는 거지만, 조심스레 단언하건대 쐐기앞소엽에서 일어나는 일은 결국 우리의 의식과 우리가 사는 세계, 즉 현실 그 자체다.

여러 차례 언급했듯 파킨슨병과 루이소체치매 환자들은 심한 환각 증세와 지각 장애를 자주 겪는다. 보통 환각이 처음 발생할 때는 **가벼운 환각**minor hallucination을 먼저 경험한다. 가벼운 환각은 구체적인 동물, 사물, 사람의 형상을 보는 구조적이고 현실적인 환각은 아니다. 보통은 주변이 어둡거나 자극이 모호한 탓에 시각적 자극을 처리하기 어려운 상황에서 사소한 혼란, 착시, 환각을 일시적으로 경험한다. 옷장 옆을 지나가면서 사람이 걸려 있는 줄 알았는데 다시 보니 외투였던 경우를 예로 들 수 있다. 또 울퉁불퉁한 표면을 볼 때 변상증을 겪는다거나, 시야에서 벗어난 곳에서 형태가 불분명한 그림자를 본다거나, 물건의 모양이 달라 보였는데 다시 보니 원래 모양 그대로였던 경험도 포함된다.

우리 연구진을 포함해 이 분야를 연구하는 많은 연구진이 환각 증상이 발생하는 배경이 될 만한 신경 메커니즘을 심층 분석했다. 많은 연구 덕에 질병이 있을 때 신경 시스템에 어떻게 문제가 생기는지, 그 문제가 환각 증상이 자주 발생하는 것과 어떻게 연결되는지에 대한 중요한 부분을 알게 되었다. 그뿐만 아니라 누구나 한번쯤 겪어 보았을 환각 경험을 설명하는 모델도 수립되었다. 가벼운 환각 증세를 보이는 사람들을 연구하면서 얻은 가장 큰 성과는 주의 네트워크 체계가 정상적으로 기능하지 않으면 기본 모드 네트워크와 다른 두 주의 네트워크의 개별성이 무너지고, 후면 주의 네트워크가 외부 세계를 분석하고 인지하는 능력을 잃게 된다는 것이다.

　숲속을 달린다고 상상해 보자. 산과 숲을 즐겨 달리는 사람들은 중간에 목줄을 하지 않은 개를 만나는 것이 그리 즐겁지 않은 상황이라는 걸 알고 있다. 그럴 때 개 주인이 "안 물어요!"라고 말하면 가짜 미소로 답한다. 당연히 물지 않을 거라는 건 안다. 하지만 '숲'이나 '산'에 '혼자' 있는 예민한 상태라면 앞면 주의 시스템이 주변의 개나 다른 위험 요소에 더 과하게 반응할 수밖에 없다. 그러는 동안 후면 주의 네트워크는 극도의 효율성을 발휘하여 발목을 삐지 않고 달리기 위한 경로를 아주 빠른 속도로 분석한다. 그런데 분석한 경로 주변, 즉 시야에서 벗어난 곳에서 갑자기 예상치 못하게 나뭇가지 밟는 소리가 들리면 앞면 주의 네트워크는 그 신호를 위험으로 감지할 가능성이 크다. 제한적인 앞면 주의 네트워크의 인지 능력은 나뭇가지 밟는 소리를 언뜻 듣고 해석한 까닭에 쐐기앞소엽에 개가 있는 것 같다고 전달한다. 그 순간 후면 주의 네트워크는 1초도 안 되는 찰나에 나뭇가지로 주의를 돌려 개가 아니었음을 바로 인지한다. 그렇게 성급한 판단으로 내린 결론이 순간적으로 의식 수준까지 도달한다면 정말로 개를 봤다고 착각할 수 있다.

첫 번째로 착각을 하고, 두 번째로 그것이 착각이라는 것을 깨닫는 두 가지 지각 현상을 예로 들었다. 우리의 주의 네트워크가 완벽한 조화를 이루고 있는 덕에 개라고 착각했다가 개가 아니었다는 것을 깨닫기까지 걸리는 시간은 단 1초도 안 된다. 하지만 후면 주의 네트워크의 나뭇가지 밟는 소리를 정확하게 분석하는 기능이 저절로 작동하지 않는다면 어떻게 되었을까?

여러 과학적 근거에 따르면 이는 일시적인 지각 오류 현상이며 가벼운 환각 증세가 나타난 것이다. 환각을 자주 겪는 신경 퇴행 질환에 걸리면 신경병리적 과정 때문에 각 네트워크가 신속하게 작동하는 데 심각한 오류가 생긴다. 그렇다고 해서 각 네트워크가 항상 제대로 작동하지 않는 것은 아니지만 주기적으로 또는 특정 상황에서 갑자기 고장 나기 쉽다. 언급했다시피 신경 퇴행 질환 연구의 주요 업적은 두 가지다. 첫 번째는 후면 주의 네트워크의 기능 장애, 두 번째는 기본 모드 네트워크의 과도한 활동이다.

다시 질문으로 돌아가서, 우리가 외부의 특정 자극, 예를 들면 주변에 있던 나뭇가지를 보았을 때 후면 주의 네트워크가 제 기능을 하지 못해 인지 과정이 적절하게 이루어지지 않았다고 가정해 보자. 아마 나뭇가지에 특별히 주의를 기울이지 않았다면 우리가 본 것이 무엇인지 정확히 알지 못할 것이다. 하지만 알다시

피 뇌는 공백을 싫어해서 가지고 있는 정보로 어떻게든 공백을 채운다. 질병으로 인해 각 주의 네트워크가 작동하는 방식에 차질이 생겼든, 단순히 잠깐 고장 났든 간에 주의력이 결핍되고 그로 인해 후면 주의 네트워크에서 인식 과정이 이뤄지지 않아서 뜬금없이 기본 모드 네트워크가 작동한다면? 다시 말해 외부 세계를 분석해서 앞으로 일어날 상황을 예측하고 눈앞에 보이는 자극의 의미를 파악하는 작업을 원래 담당자인 후면 주의 네트워크가 하지 않고 내면에서 상상의 세계를 구축하기 바쁜 기본 모드 네트워크가 하게 된다면 우린 무엇을 보고 느끼게 될까? 아주 짧게라도 현실에서는 절대 일어날 리 만무한, 상상 속에서만 보던 환상적인 장면이 눈앞에 펼쳐지는 환각을 경험할 것이다.

간단하면서도 복잡해 보이는 위의 상황은 가벼운 환각을 자주 경험하는 파킨슨병 환자가 주의 네트워크 체계에 문제가 생겼을 때 겪는 현상이다. 그런데 흥미로운 건 환자들이 말하는 환각의 형태나 내용이 대부분 비슷하다는 점이다. 보통 의식에 도달해서 시각적 착시를 유발하는 요소들은 아주 전형적인 특징을 갖고 있다. 이를테면 어떤 옷을 보고 쥐나 새를 봤거나 혹은 사람인 줄 알았는데 다시 자세히 보니 동물은 없고 사람인 줄 알았던 것도 사실은 옷이었다던가 하는 특징이다.

파킨슨병 연구로 알게 된 이 내용은 파킨슨병에 걸렸을 때 환각을 경험하는 메커니즘을 설명하는 데 도움이 되었다. 그뿐만 아니라 환각과 연관된 신경 회로를 비롯해 복잡한 다른 신경 시스템에서 어떻게, 또 어떤 조건에서 사소한 오류가 일시적으로 발생하며 그 오류가 어떻게 특이한 경험을 유발하는지를 이해하는 바탕이 되었다. 신경학적 관점에서 뇌에 이상이 없는 사람과 파킨슨병 환자가 착시를 경험하는 이유는 같다고 볼 수 있다.

병에 걸렸을 때 경험하는 환각의 특징과 신경 퇴행이 진행되면서 환각의 양상이 어떻게 변하는지 더 자세히 설명하기 위해 몇 년 전에 처음 만나서 지금도 지켜보는 환자의 사례를 공유하려 한다. 그 환자는 파킨슨병을 앓았는데 발병 초기에 종종 몇 초 안 되는 짧은 시간 동안 일시적인 환시를 보았다. 정확히 보이는 건 아니었지만 동물이 뛰어간다거나 옷 뒤에 있는 사람의 형상을 보는 식이었다. 착시와 환시는 경증이냐 중증이냐 또는 구체적이냐 아니냐로 나누기도 하지만 환자가 그것이 환시였음을 인지하는 자각이 유지가 되는지도 중요한 기준이 된다. 가벼운 환시를 경험하는 파킨슨병 환자는 대부분 자신에게 그런 증상이 있다는 걸 정확하게 알아서 자기가 봤다고 생각한 것이 사실 착시나 환시임을 인지한다. 시간이 지나 병이 진행되면 일반적으로 환시 경험도 복잡해지면서 더 구체적인 형태를 띠고, 인지 저하로 인해 자신이 환시를 본다는 자각도 서서히 잃어 간다. 내가 만났던 환자는 시간이 흐르면서 점점 환시의 형태가 충격적으로 변했고 그로 인해 감정과 생각도 요동치면서, 그의 말을 따르자면 자각을 잃고 있었다. 환시 경험 초반에 그는 자신의 침대 시트와 구겨진 이불 사이에 사람의 몸이 있다는 느낌을 받았는데 알고 보니 구겨진 이불의 모양을 사람으로 착각한 것이었다. 하지만 시간이 지나면서 침대에서 사람의 몸을 보는 빈도가 점점 늘어났을 뿐더러 그 몸이 시체 또는 토막 난 형태로 보이기 시작했다. 환시를 볼 때면 침대에 놓인 사람의 몸 외에도 이불, 바닥, 벽에 흥건한 핏자국도 같이 보였다. 이 환자는 파킨슨병이 진행되면서 자신이 겪게 될 증상들을 아주 잘 알았고 환시도 그중 하나라는 것까지 완벽하게 인지하고 있었다. 그런데도 아침마다 침대에서 보는 장면이 너무도 실제 같은 나머지 극심한 공황 장애까지 나타났으며, 어느 순간부터는 자신이 기억하지 못하는 사이에 범죄를 저질렀을지도 모른다고 생각했다. 그는 언젠가는 이 모든 상황이 뇌가 꾸며 낸 지독한 사기극이라는 자각마저 잃을 수 있다는 것을 알았기에 판단력을 잃지 않고자 자신에게 전하는 메시지를 온 벽에 가득 써 붙였다. "진정해. 너 사람 죽인 적 없어. 시체도 없어. 넌 파킨슨병 환자고 네가 본 건 환시야."

제3부

인간은 선할까, 악할까?

비관주의자라고 할 수도 있겠지만 나는 항상 인간 위주로 관찰하고 정의하는 인간 중심적인 사고방식에서 벗어나야 한다고 생각한다. 우리와 같이 일하고 싶다고 찾아오는 사람들에게 내가 거듭해서 하는 말이 있다. 인간 행동을 연구하고 싶다면, 특히 비정상적이거나 병리적인 행동을 마주하게 될 것을 알고 있다면, 무엇이 좋고 나쁜지에 대한 온갖 편견, 일반화, 멋들어진 가설은 모두 잊고 시작해야 한다는 것이다. 우리는 모두, 예외 없이 모두가 어떤 행동과 생각이 사회적으로 수용이 가능하고 비난하기 어려운지 대략 알고 있다. 하지만 모두, 예외 없이 모두가 속으로는 다른 생각, 감정, 행동을 떠올린다는 것도 안다. 즉 모든 일을 잘하는 데다 선하고 아름답고 예의 바르기만 한 성인군자 같은 인간상은 애초에 말이 안 된다.

인간은 개인과 공동체에 도움이 되려면 공존을 위한 규칙을 어기지 않는 선에서 행동하고 교류해야 한다고 여기는 사회와 시스템을 문화로 발전시켰다. 하지만 분명히 해 두자면 인간은 모두 다르며 모두가 나름대로 정상적이다.

일이 내 맘대로 풀리지 않을 땐 자신과 가까운 사람의 안위를 위해서 또는 자잘한 이유로 쉽게 게임의 규칙을 완전히 바꾸기도 한다. 아주 극단적인 예를 들자면, 전쟁처럼 비상 상황일 때 사람들이 갑자기 야만적인 행동을 일삼는 것이다. 하지만 이런 극단적인 상황이 아니어도 규칙을 바꾸는 것이 더 낫다는 생각이 퍼지면 사회적으로 수용이 가능한 정상적인 행동의 기준이 점점 흐려지고 바뀌기도 쉽다. 다들 그럴 리 없다고 하겠지만 이런 변화는 사실 늘 은밀하게 진행됐고, 진행 중이며, 진행될 것이다. 주변에 대놓고 음란물이나 약물을 소비하는 사람은 없을 것이다. 아무도 성매매를 하지 않고, 불륜은 남의 일이며, 거짓말도 절대 안 하고, 멸종 위기에 처한 동물을 구하기 위해 더 나은 세상을 꿈꾸고, 아프리카의 기아, 전쟁, 불평등 문제에 맞서 목소리를 높인다. 기후 변화는 더 말할 것도 없다.

그런데 포르노 산업의 시장 규모는 제약 산업의 시장 규모와 맞먹고, 주말이면 대도시 곳곳에서 엄청난 양의 마약이 거래되고, 숙박업소의 비싼 대실료가 사람들이 꼭 낮잠을 자러 가기 때문은 아닐 것이며, 휴대폰, 차, 옷, 컴퓨터를 소비하는 행태를 보면 과연 인류가 가난, 기아, 기후 변화에 신경을 쓰는 건지 의심스럽다. 하지만 인간이 아주 훌륭한 선행을 베푸는 것도 사실이다. 난 인간이 지구에 존재하는 최악의 종이라거나 인류의 탄생은 재앙과 다름없다고 말할 생각은 추호도 없다. 다만 정상이 무엇인지 논하려면 그게 가능하다면 인간의 진짜 모습을 솔직하게 드러낼 필요가 있다. 그렇지 않으면 사회적으로 덜 적응적인 행동을 연구하고 이해하는 것이 어려울뿐더러 그러한 행동을 예측하고 예방하는 것이 불가능하다.

우리는 일상에서 남몰래 하는 비밀스러운 행위, 속마음, 별난 취향을 은밀하게 숨기고 살지만 사실 주변에 그보다 더한 악행은 너무도 만연하다. 물론 악행이야 항상 존재했고 인간만이 악행을 저지르는 것도 아니다. 동물의 세계에서도 악행은 벌어진다. 하지만 역사책을 살짝만 훑어봐도 인간이 벌인 악행이 금방 드러나는 탓에 인간의 본성을 부정하진 못할 것이다. 나는 가끔 외계 생명체들에게 20세기와 21세기의 인간은 과연 어떤 모습으로 비칠지 궁금하기도 하다. 답은 뻔하다. 외계 생명체들은 분명 인간이 진심으로 선행을 베풀면서 동시에 끔찍하리만치 나쁜 짓을 저지르는 그 이중성에 깜짝 놀랄 것이다. 어떻게 그럴 수 있을까? 이성적인 판단을 못 하는 병에 걸린 것도 아닌데 어떻게 갑자기 극악무도하고 잔인한 행위를 하게 되는 걸까? 이 질문에 대한 가장 정확하고 적절하고 과학적으로도 근거가 확실한 답변은, 한마디로 그 이유를 모른다는 것이다.

분명 폭력이나 야만성이 유발될 가능성이 훨씬 커지는 상황이 따로 있긴 하다. 앞서 언급했던 전쟁의 경우, 권력에 복종해야 하는 두렵고 무서운 분위기가 널리 퍼진 암울한 상황이다. 마찬가지로 인간이 본능적으로 불법적인 행위에 가담하는 것이 합리적이라고 여겨질 때도 있다. 이를테면 부모가 금전적으로 여유롭지 못해서 아이를 먹이려고 도둑질하거나 아이를 위험이나 공격으로부터 지키기 위해 물불 가리지 않는 상황을 생각해 볼 수 있다.

어쨌든 위의 예를 비롯해 맥락상 악행을 저지를 것이 대충 예상되는 상황이 있다. 그런데 인간 행동을 연구하는 전문가인 나를 매번 놀라게 하는 건 겉으로 보기엔 아무 문제가 없고 본인의 행동을 정당화할 질병조차 걸리지 않은 아주 안정적이고 긍정적인 사람이 예고 없이 악행을 벌이는 상황이다. 유감스럽게도 마트에서 줄을 서 있거나 신호등을 기다리다가 난데없이 퍼붓는 욕설부터 잔혹한 치정 범죄에 이르기까지 너무나도 불쾌한 일들이 일상 속 신경심리학을 설명하는 한 부분이다.

인간을 선하게 만드는 것은 무엇이며 반대로 악하게 만드는 것은 무엇일까? 앞서 말했다시피 그 답은 알 수 없다. 이 질문에 하나의 정답을 제시하려는 시도 자체가 틀렸다고 생각한다. 인간의 행동을 지배하는 뇌의 핵심 기능을 알 수 없다는 말은 아니다. 임상 상황에서 종종 잔혹한 행동을 유발하는 뇌 기능 장애를 확인할 수 있다. 이를 통해 우리는 신경심리학적 관점에서 인간의 폭력성과 친절함을 어느 정도 이해할 수 있다. 🧠

12장

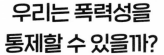

우리는 폭력성을 통제할 수 있을까?

물리적이든 언어적이든 공격적 행동은 우리가 폭력이라 규정 짓는 행동 패턴 중 하나다. 인간의 반응적 공격 또는 충동적 공격은 계획적 공격과는 구분된다. 전자는 특정 사건으로 유발된 극심한 불편감, 좌절, 짜증 등 감정에 의해 나타나는 공격성이다. 즉 특별한 이유도 없고 사전에 계획한 공격이 아닌 어떤 상황에서 갑자기 튀어나오는 폭력적인 반응이다. 반대로 후자인 계획적 공격은 시간을 두고 계획한 폭력이며 타당하든 타당하지 않든 분명한 동기가 있다.

공격성은 두려움과 마찬가지로 생존을 위한 아주 원초적인 인간의 표현 방식이다. 그 무엇도 그 누구도 우리에게 폭력은 어떻게 휘두르는 것이라고 가르쳐 주지 않았지만, 인간이라면 누구나 특정한 상황이 오면 폭력성을 드러낼 줄 안다. 모든 것이 평화롭고 조화롭게 유지되고 모두가 잘 사는 덕에 악이라는 걸 모르고 사는 야생의 부족은 없다. 즉, '착한 야만인'은 상상 속에만 존재한다. 하지만 인간에겐 자기 통제력이 있다. 자기를 마음대로 조종하는 본능적 충동을 억제하고 상황에 맞춰 행동을 조절하는 효율적인 능력이다. 아무리 순한 개라도 꼬리를 밟히면 순간적으로 주인을 물 수 있다. 개는 특별한 계획이 있었거나 어떤 악의를 갖고 주인을 무는 것이 아니다. 반응적 공격일 뿐이다. 반면 인간은 아무리 물고 싶은 충동을 느끼더라도 상황에 따라 충동을 억제하고 통제할 수 있다. 행동을 통제하는 능력은 인간만이 지닌 특별한 인지적 능력이다. 그래서 통제력이 필요한 상황에서 우리는 분노, 절규, 폭식, 쓸데없는 생각 등 무의식적인 표현 방식을 멈추고 조절할 수 있다.

이미 시작된 행동 표현을 중지하거나 특정 패턴으로 흘러가는 생각을 멈추는 능력은 인간에게서 억제inhibitory control 시스템이 발달한 결과다. 억제 기능이 효율적으로 작동하기 위해서는 다른 시스템과의 소통이 필수다. 억제 기능은 혼자서는 발휘될 수 없다. 지금 하고 있는 행동을 중단해야만 하는 이유에 대한 정보가 필요하다. 그래서 일반적인 상황에서 억제 기능은 감독 시스템을 비롯해 사회의 규율에 관한 지식을 수집하는 시스템과 함께 작동한다. 달리 말하면 억제 기능은 혼자서는 일을 해야 할 이유도 찾지 못하고 주변을 둘러보면서 어떤 행동을 그만두어야 한다는 결정을 스스로 내리지도 못한다. '누군가'가 이제 일할 때가 됐다고 말을 해 줘야 한다.

양파 채썰기처럼 일상적이지만 조심성이 필요한 작업을 할 때도 우리 뇌의 무언가가 칼질하는 과정을 지켜보고 있다. 아무리 빠르고 자동화된 행동일지라도 뇌가 감독을 맡은 덕분에 보통은 큰 문제 없이 양파를 썰 수 있고 혹시나 손이 미끄러지더라도 즉시 칼질을 멈춰서 손가락을 썰지 않을 수 있다_{물론 늘 안 다치는 건 아니다}.

누구에게나 감독 시스템이 탑재되어 있어서 일이 살짝 잘못되었을 때 이를 직감하고 실수를 수정한다는 점이 상당히 흥미롭다. 예컨대 오타가 나면 자동으로 오타를 수정하고, 운전할 때는 핸들을 살짝 꺾어서 방향을 튼다. 이처럼 감독 시스템은 우리가 아주 자연스럽게 행동을 수정하는 데 필수적인 시스템이다. 우리가 어떤 행동을 하고 있는지 감독 시스템이 지켜보지 않았다면 수정도 못 했을 것이기 때문이다. 그런데 감독 시스템은 어떻게 작동하는 것일까?

우리는 어떤 목표를 가지고 일을 시작할 때 특별히 의도하지 않아도 자동으로 '목표 달성을 위한 최고의 전략과 얻고자 하는 결과는 무엇인지'에 대한 계획을 세운다. 가령 글씨를 쓴다고 생각해 보자. 우리는 펜을 잡는 여러 동작 중 몇 가지 동작만을 선택한다. 그리고 글씨를 쓰기에 가장 적절한 행동 패턴을 고려하면서 펜을 움직이기 시작한다. 펜을 사용하는 동안 감독 시스템은 우리의 예상과 실제 행동이 얼마나 일치하는지 평가한다. 감독 시스템이 예상과 다른 행동을 감지하면, 예를 들어 손이 다른 방향으로 움직이면 원래의 목표를 달성하기 위해 자동으로 손의 방향을 수정한다. 이는 운동 행위에 오류가 생긴 경우인데 행동을 수정하려면 감독 시스템이 이미 진행 중인 행위를 중단, 즉 억제해야 한다. 의도적으로 또는 자발적으로 억제 기능을 사용하기도 하지만 대부분은 우리가 어떤 행동을 하면 저절로 억제 기능이 발휘된다.

결국 억제 조절이 가능해지려면 우선 무슨 일이 일어나고 있는지 살피는 감독이 필요하다. 따라서 감독 시스템이 우리가 무엇을 어떻게 하고 있는지 정확하게 평가하지 않으면 특정 행위를 멈추거나 조절하는 억제 기능이 작동하지 않을 수 있다. 그런데 감독 시스템이 정상적으로 작동하더라도 가끔은 억제 기능에 오류가 생길 수도 있다. 갑자기 실수하거나 심지어는 같은 실수를 반복하는 도중에 내가 실수하고 있다는 사실을 알아차리는 경험을 다들 해 봤을 것이다.

행동 모니터링, 오류 감지, 억제, 수정을 관장하는 뇌의 메커니즘은 개인적으로 정말 매력적이고 호기심을 유발하는 연구 주제라고 생각한다. 뇌 기능을 연구하는 방법은 아주 많지만 몇 밀리초 간격으로 신경의 변화를 기록하는 방법은 많지 않다. 사실 감독과 수정은 우리가 행동하는 사이, 아주 찰나에 이뤄지므로 그 과정을 연구하기 위해서는 뇌파 검사처럼 시간 해상도temporal resolution가 높은 기술을 사용해야 한다.

뇌파 측정을 통해 감독 시스템과 관련된 신경 상관자neural correlate가 존재하며, 감독 시스템이 과제 수행 중 오류를 감지하면 신경 상관자가 작동한다는 것이 입증되었다. 행동에 오류가 생긴 바로 그 순간 측정되는 큰 진폭의 뇌파를 실수-관련 부적전위error-related negativity라 칭한다. 행동 패턴과 신경생리학적 반응의 관계를 관찰하면 신경생리학적 반응은 작업 도중 실수했을 때 나타나며, 그러한 반응이 있으면 오류가 자동으로 수정될 확률이 훨씬 높아진다. 감독 시스템이 감지한 오류가 실수-관련 부적전위에 전달되면 어떻게든 행동은 수정된다. 하지만 오류 감지에 실패하면 수정도 없다. 다시 말해 뇌가 오류라고 생각하지 않는 것은 고칠 수가 없다.

질환이 있는 경우에는 오류 감지와 관련된 신경생리학적 반응이 다른 기능의 간섭을 받을 수 있지만 기본적으로는 억제 시스템이 작동하면 행동은 즉시 중단된다. 여기서 알아야 할 것은 이 모든 과정이 0.002초 만에 일어난다는 점이다. 바로 이것이 내 호기심을 자극하는 지점이며 이어서 설명하겠다.

우리가 몸을 움직이면 일차 운동 피질primary motor cortex이라는 영역에서 신경 활동이 일어난다. 손을 움직이는 행위를 예로 들자면, 오른손을 움직이면 좌뇌의 운동 영역이 작동하고 왼손을 움직이면 우뇌의 운동 영역이 작동한다. 손을 움직이기 직전에 이미 어떤 손을 움직일지 생각했다면 반대쪽 운동 영역이 움직임을 준비하는 준비 전위readiness potential가 측정된다. 오른손과 왼손을 활용해서 응답해야 하는 과제를 진행하는 동안 뇌의 활동을 기록하면 한쪽 손으로 응답하기 직전에 반대쪽 운동 영역의 활동성이 증가하는 것을 확인할 수 있다. 이런 과제를 수행하는 동안 우리가 실수를 저지른 뒤 자동으로 실수를 수정하면 실수-관련 부적전위가 작동한다.

희한하게도 실수-관련 부적전위는 오류가 발생한 직후에 등장하는 것이 아니라 오류로 이어질 것 같은 행동이 진행되기 몇 밀리 초 전부터 대기하고 있다. 즉 특정 요구에 직면했을 때 감독 시스템은 준비 전위를 작동하게 한 운동 행위가 오류로 이어질 것을 감지하면 오류가 일어나기 전에 신호를 보내는 것이다. 이

뿐만 아니다. 아직 발생하지 않은 오류에 대한 신호를 전달하는 동안 일차 운동 피질에서 이미 오류 수정을 위한 활동이 시작되고 있었다. 놀라운 점은 오류 수정 과정이 손을 잘못 움직이기도 전에, 그러니까 오류가 생기기도 전에 진행되었다는 것이다.

양파 채썰기로 돌아가 보자. 그럼 감독 시스템이 있는데 실수로 손을 베이는 이유는 뭘까? 양파 채썰기는 너무 일상적인 작업이라서 집중하지 않고 있을 때, 즉 감독 시스템이 자느라 당연히 억제 조절 능력도 작동하지 않을 때 다칠 수 있다. 어떤 행위나 생각에 그다지 주의를 기울이지 않으면 감독 시스템이 효율적으로 기능하지 않는다는 뜻이다. 또 한편으론 정보 처리가 진행 중일 때 무언가가 개입했거나 억제 조절 능력이 제대로 실행되지 않았거나 너무 늦게 시작된 까닭에 손을 베일 것이라는 걸 알면서도 멈추지 못하고 결국 다치게 됐을지도 모른다. 이렇게 감독 시스템은 작동하는데 억제 조절 능력에 차질이 생기면 결과를 뻔히 알면서도 피할 수 없다. 피로, 업무의 반복, 불안, 딴생각처럼 감독 시스템과 억제 조절 능력이 제 역할을 못 하게 만드는 요인은 다양하다. 오늘 하루 일진이 안 좋았거나 잠을 충분히 못 잤다면 유난히 실수가 잦아지기 마련이다.

뇌 해부학적으로 봤을 때 감독과 억제 조절 능력을 담당하는 시스템은 전전두피질의 안쪽에 있는 전대상회피질anterior

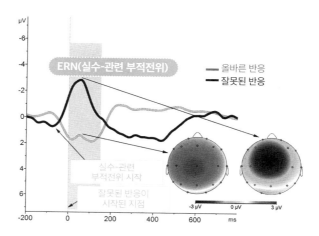

실수-관련 부적전위의 특징을 나타낸 그래프. 0은 정확히 오류가 발생한 시점이다. 실수-관련 부적전위의 뇌파 신호가 실제 오류가 발생하기 몇 밀리 초 전부터 나타나는 것을 확인할 수 있다.

cingulate cortex 근처에 있다. 그리고 전전두피질에서 멀지 않은 곳에 안와전두피질orbitofrontal cortex과 복내측전전두피질ventromedial prefrontal cortex이라는 영역이 있다. 이 두 영역은 외부 사건의 정서적 가치를 해석하는 데 중요한 역할을 하며 우리의 행동으로 유발되는 위기나 비용을 평가하기도 한다. 또한 우리자신뿐만 아니라 다른 사람이 표현한 감정을 처리하는 영역으로부터 받는 정보가 워낙 많아 공감을 담당하는 영역이기도 하다.

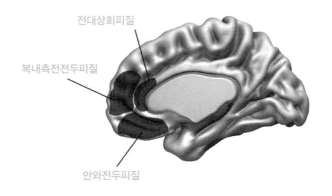

전대상회피질

복내측전전두피질

안와전두피질

전대상회피질, 복내측전전두피질, 안와전두피질의 위치를 나타낸 그림.

이는 인간이 진화하면서 발달한 감독 시스템과 억제 조절 능력이 우리의 행동을 기계적으로 분석할 뿐만 아니라 그 행동에서 파생되는 감각, 자신과 타인에게 전달되는 감정, 긍정적 또는 부정적 결과까지 신경을 쓴다는 뜻이다.

그렇다면 이것들이 폭력적인 행동과 어떤 관련이 있을까? 이를 통해 반응적 공격이나 계획적 공격에 대해 알 수 있는 것은 무엇일까?

뇌가 순간적으로 잠재적 위험이 있다고 느끼거나 정서적인 불안을 유발할 것으로 평가하는 신호를 감지하면, 생존을 보장하기 위해 싸움과 회피 같은 아주 원초적인 충동이 일어나기 쉽다. 앞에서 말했듯 이런 과정들이 진행될 때 뇌에서 가장 진화한 영역인 자기 통제와 이성을 담당하는 영역은 거의 비활성화 상태다.

만약 인간이 전전두피질이 없는 포유류였다면 그 무엇도 그 누구도 원초적인 충동에 의한 행동을 막을 수 없었을 것이다. 하지만 인간은 웬만하면 폭주를 멈출 수 있다. 현재 하고 있는 행동뿐만 아니라 하려는 행동까지 감독하는 시스템이 있기 때문이다. 결과, 감각, 의도를 예측하고 평가하며, 가장 편리한 방식으로 행동을 수정하기 위한 억제 조절 능력을 적절하게 가동하는 시스템이다.

운전 중 온갖 욕설과 위협이 난무할 수 있는 상황에서 순간적으로 상대를 공격하고 싶다는 생각이 드는 것이 당연해도, 우리는 그로 인한 결과와 위험을 평가할 수 있고 공격 생각을 멈춰 주는 억제 조절 능력이 있기에 그 생각을 거둔다.

신경 퇴행이나 뇌 손상이 생기면 우리의 행동을 감독, 억제, 평가하는 시스템에 부분적이거나 전체적인 문제가 생긴다. 그래서 뇌 질환 환자들에게서 과민성, 공격성, 공감 능력 상실, 잘못된 의사 결정, 충동성이 두드러지며 성욕과다증, 강박적 섭식장애 등 사회 부적응적 행동이 흔히 나타난다는 것을 예측할 수 있다. 통제, 공감, 규칙 적응, 인내 등을 담당하는 뇌 영역이 손상되었거나 질병에 따른 부작용으로 나타난 행동은 전두엽 기능 저하

hypofrontality로 인한 행동이다. 전두엽이 제대로 기능한다면 스스로 통제할 수 있기 때문이다.

뇌 질환을 관찰하면서 가장 흥미로운 점은 폭력적인 행동 중 일부를 유발하는 뇌 영역과 뇌 기능을 전체적으로 파악할 수 있다는 것이다. 이미 말했듯 인간의 신경계는 굉장히 연약하다. 그래서 건강하거나 질병이 없는 상태라면 평소에 폭력적인 행동 일부 또는 전체를 통제하는 시스템이 신경 회로에서 작동한다는 점은 굉장히 기특한 일이다.

반응적 공격은 보통 억제 조절 능력이 일시적으로 저하되면 발생한다. 예컨대 계획되지 않은 폭력은 알코올, 코카인 등의 약물이 변수로 작용하는 경우가 많다. 약물들의 약동학까지는 몰라도 알코올이나 코카인 같은 약물이 어떤 식으로든 전두엽에 작용하여 정상적으로 기능을 하지 못하게 만든다는 건 알 수 있다. 결과적으로 약물이 없었다면 문제가 없었을 시스템이 약물 때문에 전부 또는 일부가 고장 나서 전두엽 기능 저하 행동이 유발될 위험성이 매우 높아진다. 술을 마시면 탈억제 증상이 나타나며 맨정신에는 절대로 안 할 행동을 하고 위험한 행동을 위험하다고 인지하지 못한다. 광란의 밤을 보내면서 전두엽 기능이 저하되면 폭력성에도 큰 변화가 생긴다. 술을 마시면 감독 시스템이 무너지고 억제 조절 능력에 문제가 생기면서 속으로만 생각했던 아슬

아슬한 행동들을 통제하기 어렵기 때문이다.

이쯤에서 인간이 어떤 존재인지 다시 살펴볼 필요가 있다. 보통 가족이나 지인이 감독 시스템과 억제 조절 능력을 담당하는 뇌 영역에 손상을 입으면 그들을 두고 '나빠졌다'고 한다. 하지만 엄밀히 말하면 나빠진 것이 아니다. 부적절하고 유별난 행동은 뇌 손상으로 인해 갑자기 나타나진 않는다. 그러한 충동은 늘 존재했고, 뇌 손상이 오기 전까지는 감독 시스템과 억제 조절 능력이 제대로 기능한 덕분에 발현이 되지 않았을 뿐이다. 그렇기에 우리는 자신을 통제할 수 있는 이중적인 존재인 셈이다. 결국 술은 성욕을 돋우거나 폭력적인 행동을 조장하는 것이 아니고 우리가 통제하던 무언가를 억제할 수 없도록 만들 뿐이다.

물론 술을 마시는 사람이 전부 다 폭력적이라는 말은 아니다. 그 자체만으로는 폭력을 설명할 수 없는 상황적 요인이 있기 때문이다. 하지만 특정 상황에서 이런저런 요인이 갑자기 복합적으로 작용하면 폭력이 더 쉽게 유발될 수는 있다.

전두측두엽치매나 헌팅턴병과 같은 신경 퇴행이 진행되는 질환의 경우 전두엽의 기능이 점차 심각하게 손상된다. 환자들의 성격이 서서히 변해서 전에는 차분하고 예의 바르던 사람이 극도로 폭력적인 성향을 보이며 완전히 다른 사람이 되는 경우가 드물지 않다. 몇 년 전에 남편의 변화로 오랜 시간 마음고생했던 내담자를 만난 적이 있다. 그녀의 이야기에 공감해 주고 차분하고 한없이 다정하기만 했던 남편이 조금씩 짜증이 많고 폭력적인 사람으로 변했다. 처음 언어적 폭력이 시작된 뒤에 신체적 폭력까지 발생했다. 남편은 항상 짜증이 나 있었으며 아주 사소한 일에도 그의 말에 반대하면 곧 자제력을 잃었다. 남편과의 이별이 가장 당연하고 적절한 처사인 듯했지만 일단 그녀는 대체 남편이 왜 이러는 건지 알아야겠다고 생각했다. 각고의 노력 끝에 그녀는 남편을 정신과에 데려가 상담받게 했다. 그런데 남편이 상담 중 마치 껌을 씹는 것처럼 계속 입을 움직이고 있다는 사실이 모두의 주의를 집중시켰다. 그 움직임이 발견된 뒤 남편의 사례는 우리 센터에서 비정상적 운동을 담당하는 팀으로 인계되었다. 남편에게서 관찰된 미묘한 움직임 때문에 유전자 검사를 시행한 결과 그는 헌팅턴병을 앓고 있었다. 그의 성격이 점점 변한 건 신경퇴행으로 서서히 신경이 손상된 결과였다.

이 사례들이 반응적 또는 충동적 공격을 설명할 만한 꽤 타당한 근거가 될 순 있지만 정교하고 계획적인 폭력을 설명하기는 어렵다. 한 사람이 타인을 해치고 심지어는 목숨까지 앗아갈 만한 메커니즘, 과정, 이유는 한둘이 아니다. 물론 어떤 뇌 질환으로 인해 주변 환경에 관한 사고방식과 인식이 바뀌어서 타인에게 폭력을 행사할 가능성이 더 커질 순 있다. 하지만 사실 우리는 타인을 향한 잔인한 폭력이 대부분 병 때문이 아니라는 것을 안다. 그렇다고 해서 병이 없다는 것이 폭력을 유발하는 일부 변수가 신경심리학과 관련이 없다거나 인간이 인지 과정을 거치는 방식과 관련이 없다는 뜻은 아니다.

사람들이 문제가 생겼을 때 어떻게 해결책을 찾고 본인의 행동이 가져올 결과를 평가하는지 생각해 보자. 배는 고픈데 먹을 것이 없을 때 최선의 해결책은 음식을 사는 것이다. 만약 음식을 살 돈이 없어도 해결 방안으로 도둑질을 떠올리기 전에 여러 대안을 떠올릴 것이며, 먹고 싶은 음식을 사려고 다른 사람의 돈을 뺏는 강도 행위를 생각하기 전에 수백만 가지의 대안을 고려할 것이다. 이렇게 해결책을 찾을 때는 터무니없어 보이는 생각도 함께 떠오르는데, 누군가의 뇌는 그 터무니없는 생각을 해결책으로 선택할 수도 있다. 솔직하게 대답해 보자. 우리는 왜 어떤 물건이 갖고 싶다고 해서 훔치지 않을까? 우리는 왜 싫어하는 사람을 죽이지 않을까?

어찌 보면 대답할 가치조차 없는 질문 같다. 하지만 도둑질이 나쁜 것이기에 우리가 남의 물건을 훔치지 않는 것이라면 뇌는 무엇이 나쁘고 좋은 것인지 어떻게 아는 걸까? 만약 도둑질로 인한 결과를 알 수 없다면 우리는 과연 도둑질을 할까? 남의 목숨을 앗아 가는 것이 옳지 않기 때문에 살인을 저지르지 않는 것일까? 살인은 범죄이며 살인자는 교도소에 가기 때문에 타인을 죽이지 않는 걸까? 살인이 어떤 결과로 이어질지 쉽게 알 수 없다면 우리는 살인을 저지를까?

뇌는 계획을 세울 때 잠재적인 위험결과, 주의 사항, 옳고 그름에 대한 고민 등 문제 해결을 위해서 이성적으로 헤아려야 하는 수많은 인지적 요소을 고려한다. 뇌가 계획을 세우는 방식은 질병이 없는 상태에서 가장 잔인한 계획적 폭력이 유발되는 데 지대한 영향을 미친다. 효율적인 문제 해결을 담당하는 인지 능력은 다른 인지 능력과 마찬가지로 경험을 통해 만들어지고 개발된다. 이는 인간만의 특징이기도 하다.

그런 의미에서 계획적인 범죄의 특징을 신경심리학적으로 분석한 결과, 위험 평가나 문제 해결을 위한 대안을 찾는 과정이 얼마나 비효율적이었는지가 드러났다.

물론 나는 그 어떤 경우에도 질병이나 신경 기능 장애가 폭력을 정당화할 수 없다고 생각하며 가해자의 흔적을 지우거나 가해자에 면죄부를 주려는 의도는 더더욱 없다. 그저 내가 옛날부터 지금까지 주장하는 바는, 일상에서의 뜬금없는 폭력을 피하려면 폭력 행위를 조장하는 요인을 심층적으로 이해하기 위한, 과학적으로 입증이 가능하며 적합한 모델을 시급하게 마련해야 한다는 것이다.

특정한 의도를 갖고 단순하게 접근한다면 폭력 행위를 편협하고 얕은 시선으로 바라볼 수밖에 없다. 사실 원인은 수만 가지인데 말이다. 피해자를 보호하려면 폭력 행위를 유발한 변수를 가능하면 모두 파악하도록 노력해야 한다.

폭력의 동기와 방법을 이해하지 않으면 아주 적은 사례의 폭력도 효율적으로 예방할 수 없다. 또 가해자가 완벽한 폭력 시나리오를 구상할 때 작용했던 요소들을 모두 이해하지 않는다면 가해자의 재활이나 사회 복귀를 생각할 수조차 없을 것이다.

13장

그 사람이
난폭 운전을 한 이유

    우리는 일상에서 어이없는 폭력을 당할 때가 있다. 그런 폭력의 이유는 대부분 앞서 다뤘던 내용에서 찾을 수 있다. 일단 내가 겪은 일을 들려주고 싶다.

    아침 8시경. 내가 스무 살 무렵이었다. 오토바이를 타고 학교에 가는 중이었는데 신호등에 다다랐을 때 어떤 회사의 로고가 새겨진 소형 밴이 맨 앞으로 가려고 다른 차들을 난폭하게 추월했다. 그러다 그 밴이 내 오토바이의 몇 센티미터 뒤까지 바짝 오는 바람에 부딪힐 뻔했다. 난 경적을 울리며 앞으로 좀 더 가면서 손으로 뒤로 가라는 제스처를 취했다. 그런데 예상치 못하게 갑자기 밴이 멈춰 섰고 중년 남성이 내리더니 곧 싸울 것 같은 기세로 언성을 높였다. 신호등이 녹색 불로 바뀌었는데도 남자는 차로 돌아가기는커녕 나에게 소리를 지르면서 한 대 칠 것처럼 다가왔다. 너무 순진했던 나는 그에게 내 오토바이에 너무 바짝 붙길래 경적을 울렸을 뿐이라고 열심히 설명했다. 하지만 그는 이미 통제 불능이었고 한번만 더 이러면 나를 죽여 버리겠다고 협박했다. 조용히 가던 길을 갔다면 참 좋았겠지만 웬일인지 내 안에서 오랜만에 충동이 일어 그에게 한마디 하기로 했다. 난 그의 밴에 새겨진 회사 로고를 보면서 진짜로 나를 죽이려는 마음이 있냐고 물었다. 그게 아니면 회사 이름과 전화번호가 밴에 떡하니 새겨져 있으니 신고하기가 너무 좋다고 덧붙였다. 그게 효과가 있었는지 아니면 시간이 좀 지나서 자연스럽게 화가 가셨는지는 몰라도 그는 자리를 떴다.

왜인지는 잘 모르겠지만 이 일은 잊히지 않는다. 아마 다들 운전할 때 직접 경험해 봤거나 다른 사람이 운전할 때 보았을 것이다. 운전석에만 앉으면 모두가 갑자기 폭력적이고 공격적으로 변하는 현상 말이다. 왜 그럴까? 평소엔 너무나 차분한 사람도 운전만 하면 아주 잠깐이라도 짐승으로 돌변하는 이유가 대체 뭘까?

이외의 폭력성도 그렇고 사실 인간의 모든 행동에 있어 모든 경우에 꼭 이래야만 한다는 정답은 없다. 그렇지만 인간의 성격,

임상, 사회 심리학에 초점을 맞춘 연구들이 활발히 진행되면서 운전할 때 폭력성을 유발하는 심리학적 기전과 관련된 훌륭한 자료가 만들어지고 있다. 궁금한 게 많은 신경심리학자의 입장에서는 뇌 기능과 신경 인지 과정을 연구하면서 인간이 갑자기 분노하는 이유의 일부라도 알 수 있으리라고 기대한다.

이전 장에서 감정 표현과 전두엽 기능의 관계를 설명하면서 인간이 진화를 거치며 어떻게 이성보다 감정 표현이 우선시되었는지를 설명했다. 외부의 자극은 시각이나 청각 같은 감각 기관을 통해 인간의 신경 체계에 영향을 미친다. 처음 유입된 감각 정보는 큰 의미가 없지만 신경 시스템에서 처리되고 가공된 뒤에 우리에게 들어온 자극에는 의미가 부여된다. 대략적인 예를 들자면 외부에서 망막을 통해 들어온 시각 정보는 신경계를 통과하여 뇌 뒤쪽 후두엽 부근까지 도달하고 후두엽, 두정엽, 측두엽을 지나며 시각 정보가 인식된다. 하지만 시각 정보가 후두엽의 일차 시각 피질에 도달하기 전에 뉴런들이 시각 정보의 첫인상을 다른 영역으로도 전달한다. 시상thalamus에 있는 시상침pulvinar이라는 영역을 통해 시각 정보 일부가 변연계의 편도체까지 도착한다. 감정 중에서도 공포를 담당하며 도전 또는 회피라 부르는 원초적인 적응 행동 패턴을 유발하는 편도체는 여러 생물의 진화를 거치면서 잘 보존된 영역 중 하나다. 두려움을 관장하는 편도체가 있어 우리는 잠재적 위험 상황에서 깊은 고민 없이 바로 도전 또는 회피라는 생리적인 반응을 하게 됐다. 한편 시상의 시상침은 외부의 시각 자극을 편도체로 전달할 뿐만 아니라 외부 사건의 의미를 '확대'하는 역할도 한다. 그래서 편도체는 미리 시상침으로부터 크고 작은 경고 신호를 받는다. 변연계에 도달한 시각 및 청각 정보가 일차 시각 또는 청각 피질에 도달하기 전은 물론이고 자극의 인식이 이루어지기도 전에 이 과정이 일어난다는 점을 유념해야 한다. 그래서 변연계는 우리가 인식하기도 전에 먼저 반응하고 그 후에 우리가 반응한다.

다른 장에서 언급했듯 잠재적 위험 상황에서 본능적으로 반응하지 않고 위험 요소를 따지느라 시간을 낭비하는 것은 이 세상

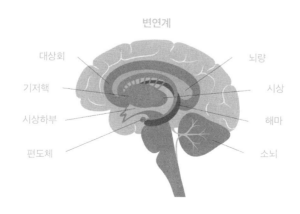

변연계의 구조를 나타낸 그림.

을 살아가는 데 있어 너무나 비효율적이다. 이에 따라 변연계와 전두엽피질 사이에서 변연계를 우선시하는 구조적이고 기능적인 관계가 만들어졌다. 그래서 변연계에서 일어나는 자동적인 반응이 우리의 조절, 통제, 성찰 능력보다 먼저 작동한다. 조지프 르두Joseph LeDoux가 저서 《느끼는 뇌》에서도 설명했듯 우리 뇌의 체계가 고무호스를 뱀으로 착각해서 회피 반응을 유발하긴 쉽지만, 반대로 뱀을 고무호스로 착각하는 경우는 거의 없다.

여하튼 인간은 진화하면서 그동안 생존을 위협했던 비극적인 사건과 자극을 몸속에 문신처럼 새겼다. 또한 보편적으로 인간을 비롯한 생물들은 불, 높은 곳, 어둠, 큰 동물, 독이 있는 동물, 거센 물살, 폭력 등에 대한 원초적인 공포를 느끼게 되었다. 수많은 위험을 예측하고 피하는 방법을 학습하는 것이 생물의 진화에 결정적인 역할을 했다. 그래서 위험에 빠르게 대응하는 능력을 습득한 종은 적응적인 면에서 이점을 얻었다. 그리고 이는 인간이 수도 없이 저지르는 비합리적인 행동을 설명하는 바탕이 된다. 사람들은 뱀은 무서워해도 자동차는 두려워하지 않는다. 그런데 뱀에게 물려 사망한 사람이 얼마나 되는지 아는가? 반면 교통사고로 사망한 사람은 얼마나 될까? 상어는 어떤가? 사실 가장 치명적인 동물은 모기라는 것을 아는가?

통계상으로도 그렇고 합리적으로 생각해 봐도 교통사고로 죽을 확률이 훨씬 높지만 우리는 죽을 수도 있다는 생각으로 운전석에 앉지 않는다. 오히려 상어, 뱀, 괴물, 상상 속 살인마를 훨씬 두려워한다.

　이 모든 것과 사람들이 운전할 때 난폭해지는 것이 무슨 관계가 있을까? 우리 뇌가 뱀을 두려워하는 게 당연해 보이지만 인간은 일상의 경험을 통해 생존에 필요한 내용을 학습해 왔다. 우리 뇌에는 모든 경험이 무서운 경험으로 기억될 수 있고 그렇게 기억되기까지 그다지 복잡한 과정이 필요하지 않다. 뇌는 두려움을 생존에 대비해야 하는 신호로 인식하기에, 극심한 공포를 느꼈던 사건은 심각한 스트레스를 유발하는 사건으로 기억될 수 있다. 이런 학습이 바로 공포증의 시작이 된다. 어떤 경험으로 인한 학습의 결과로 특정 자극과 상황에 노출되면 공포를 느낀다. 예컨대 엘리베이터를 타거나 엘리베이터에 타는 생각만 해도 불안해지는 것처럼 말이다. 신경생물학적 관점에서 공포증은 자극예를 들면 엘리베이터에 노출되었을 때 어떤 이유에서든 뇌가 위급 상황엘리베이터에 갇힐 수도 있는 상황으로 해석하는 생리학적 반응이 촉발되는 현상이다. 그래서 엘리베이터는 더 두려운 대상이 되고 시간이 지나도 엘리베이터에 대한 공포가 사라지지 않을 수 있다. 이런 생각이 한번 굳어지면 엘리베이터를 타는 상상만 해도 불안해지는 예기 불안anticipatory anxiety이 발생한다. 예기 불안으로 인한 두려움은 현실이 아닌 상상이 유발한다는 점이 문제다. 하지만 뇌는 이성보다 두려움을 우선시하기 때문에 공포를 마주한 상황에서는 아무리 노력해도 이성적으로 생각하기 어렵다.

경험과 학습은 우리가 조상에게서 물려받은 기본적인 신경 체계만큼이나 중요하다. 보통은 긍정적이고 즐거운 감정을 유발하는 가벼운 자극이나 상황도, 어떤 사람에게는 극도로 부정적인 감정을 유발하는 사건이 될 수 있다. 누구에게는 어떤 노래가 학창 시절 방학을 떠오르게 하는 추억의 노래지만, 누구에게는 비보를 접하기 직전에 들은 까닭에 슬픈 기억을 떠오르게 할 수도 있다. 전쟁을 겪지 않은 사람들에게 불꽃놀이는 축제를 장식하는 아름다운 행사일 테고 폭력을 당한 적이 없는 사람들에겐 모든 인간관계가 기쁨의 원천일 것이다.

자동차는 인간의 진화 초기부터 존재했던 자극이 아니다. 뱀이나 어둠을 가장 무서워했던 시절에 만들어진 인간의 원초적인 신경계가 반응하는 위험 요소도 아니다. 하지만 시대가 변하고 인간이 학습을 거치면서 자동차는 뇌에서 특정한 반응을 유발하는 심리적 요인이 담긴 대상이 되었다. 우리는 운전할 때 어떤 위험이 생길 수 있는지에 대한 정보에 꾸준히 노출됐다. 실제로 매일 교통사고와 사망자에 대한 뉴스가 보도된다. 아는 사람이 운전 중 사망한 사례를 들은 적도 있을 테고 교통사고를 직접 겪었을 수도 있다. 뇌는 이렇게 정보를 학습하기도 하며 운전이 관련된 경험을 하다 보면 운전을 떠올리는 순간 자동으로 연상되는 장면이 생길 것이다. 엘리베이터와 두려움이 자동으로 연결되는 것처럼 말이다. 또 운전은 그 자체로 주의력, 정신과 운동의 협응, 시각 및 청각 정보 처리, 공간 정보 처리, 예측 등 아주 까다로운 신경 인지 과정이 한꺼번에 일어나는 작업이다. 그래서 운전을 하면 우리의 인지 능력이 완전히 포화 상태가 되며 장거리 운전을 하거나 복잡한 도로에서 차를 타면 금세 피곤해진다.

운전이 관련된 학습과 뇌가 잠재적 위험을 예측하는 방법을 생각해 보자. '자동차' 또는 '운전해야 한다'는 자극에 노출되면 뇌에서는 필연적으로 경고 시스템이 발동하여 회피나 도전 반응이 준비된다. 그중 도전 반응이 발현되면 폭력으로 이어진다. 하지만 우리가 차에 탔을 때 꼭 공포나 분노를 경험하는 건 아니다. 운전할 때 목숨을 지키기 위해 가장 필요한 자원은 운전 자체에 집중하는 복잡한 인지 과정이기 때문이다. 그래서 운전 시에는 우리의 신경계가 극도로 취약한 상태로 유지된다고 생각하는 것이 합리적이다. 한편으로는 모든 경고 시스템이 우리가 운전하는 동안 위험 요소가 될 만한 것들을 식별하고 있으며 다른 한편으론 인지 시스템이 운전 중에 실수하지 않는 최고의 방법을 찾고 있기 때문이다. 그래서 운전 중에 주차 같은 추가 작업을 수행하려면 이러한 인지 과정 중 일부는 포기하고 주차를 정확히 하는 데 집중해야만 하는 사람들이 있다. 그런 사람들은 주차할 때 꼭 음악을 끈다.

지금까지의 내용은 가정이 아니라 실제로 인간이 기능하는 방식을 토대로 한 것이다. 사람들이 왜 운전대만 잡으면 아주 사소한 일에도 불같이 화를 내는지 꽤 논리적으로 설명했다. 내가 보기엔 그 이유가 아주 분명하다. 주의 시스템과 위험 감지 시스템이 활성화된 상태인 데다 인지 자원이 총동원되어 과부하가 걸린 사람에게 무엇을 기대할 수 있을까? 이렇게 극도의 긴장 상태이자 과부하 상태일 때 방향 지시등도 켜지 않고 갑자기 차가 끼어들거나, 다른 차가 경적을 울리거나, 앞차가 너무 느린 상황 등 잠재적 위험이 별다른 이유 없이이유는 크게 중요치 않다 갑자기 등장한다면 감정과 행동에 어떤 변화가 생길까?

내가 스무 살 무렵 신호등에서 만난 무례하고 폭력적인 그 남자가 운전 중에 무슨 일을 겪었는지 어떤 삶을 살았는지는 알지 못한다. 어쩌면 원래 공격적인 사람이었을지도 모르고 술을 마셨거나 기분이 시시각각 변하는 사람이었을 수도 있다. 아니면 그냥 무식하거나. 분명 나의 환원주의적 해석을 뛰어넘어 더 중요하게 작용하는 변수가 무수히 많을 것이다. 하지만 그가 평소엔 전혀 문제가 없는 사람인데 그저 갑자기 울린 경적에 어떻게 반응해야 할지 몰랐거나 뇌가 그렇게 행동하도록 만들었다고 생각하는 것도 일면 타당하다.

14장

이타주의자
혹은 방관자

평소 머릿속으로 이런저런 상상을 할 때면 현실에서도 내가 상상한 대로 반응하거나 행동할 수 있을지 확신이 들지 않는다. 나의 과학적 호기심을 자극하는 부분이 너무 많아서 다 나열할 순 없지만 특별히 더 알아보고 싶은 흥미로운 부분들이 있다.

인간의 행동을 소위 정상적 혹은 병리적으로 구분하여 연구할 때는 먼저 인간이란 어떤 존재인지 솔직하게 인정해야 한다. 그렇지 않으면 복잡한 행동이든 간단한 행동이든 있는 그대로 관찰하고 분석할 수가 없다. 인간의 행동은 인간이 정상적인 상태에서 드러내는 가장 단순한 표현 방식이다.

우리가 실제로는 절대 하지 않을 법한 여러 행동 중에서 특히 나를 당황스럽게 만드는 행동이 하나 있다. 서구의 체제는 전쟁, 기근, 빈곤으로부터의 자유를 추구하는 복지를 토대로 삼고 있다. 그래서 이타주의와 타인에 대한 책임감은 서구 사회의 큰 특징이다. 우리는 일면식도 없는 사람이 위험을 무릅쓰고 타인을 돕는 이야기를 좋아하며 따뜻한 방의 안락한 소파에서 타인의 고통에 엄청난 공감을 표하기도 한다.

어느 날 TV에서 드라마보다 더 드라마 같은 사건이 생방송으로 중계됐다. 사건의 장면 자체가 충격적일 뿐만 아니라 굳이 다음 장면을 보지 않아도 어떻게 전개될지 대충 알 수 있었기에 더 드라마 같았다. 바로 탈레반의 아프가니스탄 재점령 사태다. TV 화면에는 아프가니스탄에서 살 수 없어 탈출을 감행하는 사람들의 모습이 나왔다. 당연히 사람들은 아프가니스탄에 대한 절대적 지지를 표했고 모두 그 끔찍한 뉴스를 몇 시간씩 보고 이야기를 나누었으며 어떤 사람들은 밖으로 나와 아프가니스탄을 지지하는 시위를 벌이기도 했다. 하지만 지금 아프가니스탄 상황은 크게 달라지지 않았고 오히려 나빠졌다고 할 수 있다. 솔직히 말하자면 우리는 별로 신경 쓰지 않는다. 러시아의 우크라이나 침략, 아프리카의 기근, 의류 브랜드의 아동 노동력 착취, 휴대폰 배터리에 들어가는 리튬을 캐는 광산에서의 아동 노동력 착취를 비롯한 수많은 문제에도 우리는 사실 무관심하다.

사람들은 저마다 머릿속에 주로 떠올리는 주제가 있고 보통은 자신이 잘 알고 관심 있는 주제를 더 자주 생각한다. 잊힌 기억, 주의를 기울이지 않았던 말들, 이제는 듣지 않는 노래들은 저 멀리 어딘가에 분명히 있지만 더 이상 내 머릿속에 없기에 떠올릴 수 없는 것들이다. 그런데 미디어가 보여 주는 장면은 우리에게 충격을 주며 큰 영향을 미친다. 그럼에도 자극적인 소식을 매일 접하는 데 익숙해져서인지, 아니면 단순히 어떤 사건이 더 이상 뉴스에 소개되지 않아서인지는 몰라도 시간이 지나면 그 충격적인 이미지들도 일상에서 지워진다. 결국 보면서 며칠을 울었던 뉴스도 우리의 감정에서 멀어지는 것이다. 인간이 무자비하단 뜻이 아니라 인간이 어떤 식으로 작동하도록 만들어졌는지 보여 주는 대목이다. 사실 우리가 살면서 발휘할 수 있는 이타주의에는 한계가 있다. 내가 마음을 쓰는 대상이 누군지 모를 때는 더하다. 이타주의에 대해서는 이미 알려진 바가 많은데 특히 생물학적 혈연관계가 타인을 돕는 인간의 성향에 영향을 미친다. 인간은 어떤 식으로든 형제나 자식처럼 생물학적으로 가까운 사람이나, 배우자처럼 사회적으로 묶인 사람과 같은 가까운 사람들을 보호하고 도우려는 본능이 있다. 네팔에 사는 모르는 사람에게 내 사촌만큼 관심을 두고 도움을 주기란 쉽지 않다.

그런데 현실은 다르다. 생각보다도 더 놀랍다. 여러 연구에서 이미 많이 다뤄진 내용이라 반박할 수도 없다. 지금까지 연구를 통해 알려진 사례들이 모두 정확한 건 아니었지만 말이다. 예컨대 사람들에게 길에서 아픈 사람을 보거나 도움을 청하는 사람을 봤을 때 어떻게 할 거냐고 물어보면 대다수는 그 사람을 돕겠다고 대답한다. 하지만 안타깝게도 현실적으로 대부분은, 특히 주변에 나 말고 도와줄 사람이 있을 것으로 예상되는 넓은 공간에서는 도와주기는커녕 도움이 필요한 사람을 무시한다. 이런 현상을 방관자 효과bystander effect라고 한다. 방관자 효과는 엄밀히 따지면 신경심리학보다는 심리학과 사회학에 더 가까운 현상이다. 하지만 어쨌든 인간이 표현하는 행동이란 점은 분명하기에 부분적으로는 뇌의 인지 과정을 연관 지어 분석할 수도 있다.

기본적으로 방관자 효과는 주변에 나 말고 다른 사람이 있으면 잠재적인 위급 상황에 적극적으로 나설 가능성이 적다고 가정한다. 흥미롭게도 방관자 효과는 상황과 사람에 따라 다르게 나타난다. 어떤 사람이 특정 상황에서는 나서지 않았으나 다른 상황에서는 적극적으로 나설 수도 있고, 또 어떤 사람들은 상황을 막론하고 적극적으로 나서기도 한다. 어찌 됐든 분명한 건 방관자 효과가 인간의 보편적인 특성을 설명하는 현상은 아니다. 우리가 타인을 위해 영웅처럼 나서는 상상을 할 때 흔히 떠올리는 장면과 현실은 매우 다르다는 것이다.

방관자 효과라고 하면 딱 떠올릴 수 있는 상황이 있다. 한 번쯤 겪어 보았을 상황이다. 붐비는 기차역 안에서 한눈에 봐도 술에 취했거나 의식이 불분명한 상태로 구석에 쓰러진 사람을 발견한다면 그 사람을 도울 확률은 얼마나 될까? 솔직하게 대답해 보자.

몇 년 전, 치과 치료를 마치고 나왔는데 길 반대편에서 한 여성이 자기보다 나이가 훨씬 많은 여성을 말 그대로 끌고 가고 있었다. 끌려가는 여성은 얼핏 봐도 걷는 데 어려움이 있어 보였다. 전문가의 눈으로 보았을 때 보행 동결freezing of gait 증상이 나타난 파킨슨병 환자 같았다. 보행 동결은 파킨슨병이 진행되는 동안 흔히 나타나는 증상이다. 환자의 몸이 극도로 경직된 탓에 걸을 수가 없어서 마치 얼어붙은 것처럼 보인다. 그런데 가까이 다가가 보니 그녀는 파킨슨병 환자가 아니라 넘어지면서 엉덩이를 다친 것이었고 부축하던 여성은 지나가다가 그녀가 넘어지는 것을 보고 근처 가게의 의자로 데려가던 중이었다. 내가 그녀가 괜찮은지 물으면서 다가갔더니 부축하던 여성은 금세 자리를 떴다. 내가 119에 신고할 동안 종업원에게 그녀가 앉을 의자를 가져다 달라고 부탁했는데 종업원은 결국 의자를 갖다 주긴 했지만 마치 왜 그래야 하냐는 듯한 어리둥절한 태도를 보였다. 어쨌든 구급차를 기다리는 동안 두 사람이 이웃이라면서 그녀를 알아보고 다가왔다. 그녀는 아들이 집에 오기 전에 빨리 돌아가야 한다고 했다.

너무 불안해하며 말하길래 난 이유를 묻지 않을 수가 없었다. 아들이 심각한 정신 장애를 앓고 있어서 그녀를 상대로 여러 차례 문제 행동을 일으켰다는 점을 알게 되었다. 아무래도 아들이 간식을 사러 나간 틈을 타 외출했다가 운 나쁘게 미끄러져서 엉덩이를 다쳤던 모양이다. 그리고 이웃들이 다가와서는 아들이 그녀를 매일 밤낮으로 때리는 소리와 비명을 들었다면서 그녀가 우리와 함께 있는 걸 아들이 보지 않는 게 좋다고 했다. 순간 나는 구타 소리와 비명을 자주 들었냐고 되묻지 않을 수가 없었다. 그들은 그렇다고 했다. 그럼 그런 소리가 났을 때 경찰에 신고한 적은 없냐고 재차 물었다. 대답은 당연히 "없어요"였다.

왜 누군가는 기꺼이 고통받는 타인을 도우려 하는데 누군가는 신고 같은 간단한 행위도 하지 않으려 할까?

앞서 말했듯 방관자 효과에 관한 연구는 이미 많이 이루어졌다. 연구 결과에 따르면 누군가의 도움이 필요한 상황에서 항상 방관자 효과가 나타나는 것은 아니다. 그렇다고 특정 상황에서는 꼭 방관자 효과가 일어난다는 뜻은 아니다.

주변에 사람이 많을 때 방관자 효과가 발생하는 정확한 메커니즘은 다른 사람들이 이미 도움 요청을 들었을 것이라고 예상해서 내가 굳이 타인에 대한 책임감을 느끼지 않아도 된다고 생각한 것이다. 한편 신경심리학적 관점에서 방관자 효과의 주요 원인까진 아니더라도 발생하는 데 영향을 미쳤을 가능성이 있는 요소를 설명할 수 있다. 나의 행동이 나로부터 비롯되고 내 행동으로 내 주변의 사건이 야기된다는 느낌을 뜻하는 개념을 행위 주체감sentido de la agencia이라고 한다. 우리는 외부 세계와 소통할 때 두정엽과 전두엽의 특정 영역 덕분에 우리를 둘러싼 것을 우리의 일부로 받아들인다. 이를 통해 외부 세계와 연결되어 있다는 느낌을 받는다. 그런데 공황 장애 환자들은 행위 주체감을 모조리 혹은 일부 잃은 듯한 비현실적인 경험을 한다. 공황 발작이 시작되면 주변이 낯설다는 느낌을 받고 자기가 자기 행동의 주인이라고 느껴지지 않는다. 방관자 효과에서 다른 사람을 돕지 않는 이유 중 하나는 다른 사람에게 일어나는 일이 나의 세계로 잘 통합되지 않아서다. 결과적으로 뇌가 주변의 일을 내 책임이라고 생각하지 않으면 책임감에 기반한 반응은 보이지 않는 것이다.

다른 장에서도 여러 차례 언급했듯이 두려움과 불안은 특정 상황에서 우리가 무의식적으로 표출하는 정상적인 반응이다. 두려움과 불안이 고조되는 상황에서는 이성적으로 평가하는 뇌의 영역이 그렇지 않은 때와 매우 다른 방식으로 기능한다. 위급 상황이 닥치면 공포와 불안이라는 감정적 반응이 유발될 수 있고, 뇌의 작동 방식이 평소와 다른 까닭에 상황을 평가하는 방식도 달라진다. 그래서 그 순간에 가장 합리적이라고 생각할 만한 행동을 하기 쉽다.

　사회적 현상 중 동조conformity라는 개념이 있다. 동조는 어떤 행동이 마땅한지 아닌지를 개인적으로 깊게 고찰하지 않고 단순히 다른 사람들을 따라 하는 현상이다. 전두엽 영역은 외부의 자극을 통합하고 의미를 부여하는데, 타인이 하는 행동을 정상의 기준으로 삼는 데 한몫한다. 솔로몬 애쉬Solomon Asch가 실시한 아주 흥미로운 엘리베이터 실험에서 동조 현상의 예를 볼 수 있다. 엘리베이터에 사람들이 타고 있는데 피험자 한 명을 빼고는 모두 실험 진행자였다. 엘리베이터 문이 닫히면 실험 진행자들은 갑자기 뒤를 돌아 엘리베이터의 벽 한 면을 바라보는 이상한 상황을 연출했고 피험자는 그들 가운데서 놀란 채 서 있었다. 흥미롭게도 시간이 지나면서 다른 사람들의 이상한 행동을 전혀 이해하지 못했던 피험자도 똑같이 엘리베이터의 벽을 바라봤다. 사회적 압박을 느끼면 우리는 엘리베이터 실험에서처럼 아주 황당한 행동도 무릅쓴다. 자극과 사람이 너무 많은 상황에서 다른 사람의 행동에 영향을 받으면 방관자 효과가 발생해 평소와는 다른 행동을 하는 것이 이상하지 않다.

　사실 방관자 효과가 자주 발생하는 상황은 사람과 자극이 많은 상황, 즉 앞서 언급한 것처럼 우리의 연약한 시스템에 과부하가 걸리는 상황이다. 예컨대 공감 처리 또는 의사 결정을 관장하는 자동 시스템에 자극이 과도하게 많이 들어오면 부적절한 간섭이 발생하고 이에 따라 부적절한 행동이 촉발될 수 있다.

어쨌든 인간 행동을 연구할 때는 솔직해야 한다. 이 솔직함으로부터 얻을 수 있는 결과가 있다. 그 결과는 신경인지적 관점에서 보았을 때 인간이 하나의 종으로서 발전할 수 있었던 것과도 큰 관련이 있다. 우리가 누구인지 알고 어떻게 작동하는지 아는 것은 곧 어떻게 생각하고 느끼고 행동하는지 안다는 것이다. 인간의 메타인지metacognition 능력은 다른 동물들에겐 없는 특별한 능력이다. 메타인지 덕분에 인간은 어디서든 자신을 관찰하고 주변에서 일어나는 일에 맞춰 행동을 교정할 수 있다. 자동증automatism은 인간 행동의 일부지만, 분명히 하자면 인간 행동의 대부분은 우리가 하는 중인 혹은 하지 않는 행동을 평가할 수 있는 충분한 시간이 필요하다. 결과적으로 이를 통해 앞으로 어떤 행동을 할지 결정하기 때문이다. 그렇기에 아마도 '인간이 왜 이런 식으로 행동하는가'란 질문에 대한 답의 근거를 찾는 것은 신경심리학적으로나 사회심리학적으로나 그다지 필요하지 않은 과정일 수도 있다. 인간이 메타인지 능력을 발휘하고 솔직해질 때 정확한 답을 찾을 수 있을 것이며 사실은 우리 모두 그 답이 뭔지 알고 있다.

제4부

특별하고도
기묘한 경험들

직감이 맞거나, 미래를 내다보거나, 외계인을 만나거나, 빙의 또는 임사 체험을 하거나. 이런 기묘하고 초자연적인 경험을 했다고 주장하는 사람들은 셀 수 없이 많다. 초자연적인 경험은 현재는 물론이고 과거부터 지금까지 늘 인간 문화의 일부였다. 즉, 어느 문화에서건 비슷한 형태로 항상 전해 내려오던 이야기들이다. 어쩌면 누군가는 이익을 얻기 위해 초자연적인 현상을 겪었다는 이야기를 지어냈을 수도 있다. 그럴 가능성도 충분하며 오히려 지어낸 얘기라고 하면 사람들이 겪었다는 기묘한 현상들이 이해된다. 하지만 연구에 따르면 경험의 대부분이 거짓말은 아니다. 초자연적인 현상에서 설명할 수 없는 부분이 있다면, 그 현상이 일어나는 원인을 합리적으로 이해할 다른 가능성을 고려해야 한다.

나는 다른 많은 자극 중에서도 초자연적 세계에 대한 호기심이 꽤 존재하던 환경에서 자랐다. 아버지는 항상 초자연적인 현상을 무척 궁금해 하셨고, 초자연적 현상을 다룬 전문 잡지를 섭렵하는 것이 큰 즐거움이었던 듯하다. 자연스럽게 나도 그런 잡지를 수도 없이 읽었고 당연히 초자연적인 현상에 대한 호기심도 굉장히 커졌다. 나는 사실 종교를 신실하게 믿는 스타일은 아니다. 그렇다고 종교적인 가능성을 부정하거나 반대하는 것도 아니다. 다만 나는 인간의 행동과 정신의 메커니즘을 이해하는 일에 매우 관심이 많고 매력을 느끼는 사람이다. 그래서 신경심리학의 세계를 처음 접했을 때부터 인간이 설명할 수 없는 복잡한 경험의 이유를 신경심리학적으로 설명하는 수많은 사례를 조금씩 배웠다. 꼭 신경심리학이 아니더라도 일반 심리학적 관점에서 보았을 때 인간의 생각, 인식, 기억, 현실 감각을 구성하는 메커니즘이 초자연적인 경험에 지대한 영향을 미칠 수 있다는 점도 이해하기 시작했다.

우리가 과학적으로 설명할 수 있는 것 이상의 뭔가가 있는지, 아니면 오늘 설명할 수 없는 것이 내일모레가 되면 과연 설명할 수 있을지 솔직히 모르겠다. 어쨌든 개인적으로는 인간이 기묘한 경험을 하는 이유에 대한 확실한 근거가 있으므로 실제로 초자연적인 현상이 존재한다고 믿기는 어렵다. 자연을 초월한 현상이 존재하지 않는다고 억지를 부리려는 의도는 전혀 없다. 하지만 그런 신비한 현상 전체를 통틀어 합리적으로 설명하는 근거도 있다는 점을 강조하고 싶다. 나 같은 사람은 초자연적인 현상이 일어나는 이유를 먼저 과학적으로 연구해 본 뒤에 정확한 이유를 찾지 못하면 그때 가서 다른 가능성을 생각해 볼 수밖에 없다.

인간에게 일어나는 모든 일을 설명할 순 없다. 어떤 사람들은 훈련받거나 기술을 배워서 자동차 엔진의 작동 방식과 수리 방법을 알고 또 어떤 사람들은 기가 막히게 요리를 잘한다. 어떤 이들은 천체물리학이나 핵물리학에 정통하고, F1 레이싱에 능숙하며, 피아노의 거장이거나 인간 정신의 기능을 깊이 이해하고 있다. 이런 식으로 우리가 아는 것과 모르는 것을 정확히 인지하고, 모르는 부분이 무엇인지 알게 해 주는 겸손의 가치를 활용한다면 우리는 모든 것을 이해하거나 설명할 능력이 없다는 것을 인식하는 경지에 이르게 된다.

극도로 복잡한 시스템에 대한 반응이든 아니든 인간의 정신과 행동에 관련된 모든 것에는 다 이유가 있다. 그리고 우리 모두는 정신과 행동을 경험하기에 누구나 생활하고, 느끼고, 경험하는 것에 대한 이유를 설명할 수 있다. 하지만 매일 밤 별이 빛나는 하늘의 아름다움을 감상한다고 누구나 천문학자가 되는 것은 아닌 것처럼, 지식의 의미를 안다면 단순히 정신과 행동을 경험한다는 것 자체만으로는 전문가가 될 수 없다는 점을 알 것이다.

임상 현장과 신경심리학 분야에서 인간 행동을 연구하면서 개인적으로 얻은 큰 교훈 중 하나는 인간 행동을 설명하는 많은 요소가 매우 모순적이거나 우리의 상식에서 기대하는 것과는 거리가 멀다는 것이다. 아마 다른 학문에서도 마찬가지겠지만 나는 다른 분야의 전문가가 아니기 때문에 정확히는 알 수 없다. 그래도 분명한 것은 우리가 인간의 행동과 뇌에 관해 이야기할 때 매우 복잡하고 취약한 무언가를 마주하게 된다는 것이다. 그 무언가는 우리가 어느 정도 잘 알고 있음에도 가끔은 예상과 다르게 기능하면서 우리를 인간답게 만든다. 그러므로 과학에 접근할 때는 모든 선입견에서 벗어나야 하며, 더 나은 설명이나 확실한 증거를 찾을 때까지는 그럴듯하거나 꽤 가능성 있어 보이는 가설이 아니라, 타당하거나 명백한 가설을 채택해야 한다.

과학적 방법을 지배하는 이런 유연한 사고가 모르는 사람의 입장에서는 종종 과학이 아닌 것처럼 비칠 수 있다는 점이 흥미롭다. 그래서 어떤 현상을 과학적으로 설명하려 할 때 괜히 엄격하게 굴면서 딴지를 거는 사람들이 있다. 과학적 방법이란 정확하게 말하면 조작이 없는 방법을 사용하여 모든 가설이나 가능성을 동등하게 검증하는 것이다. 결과적으로 과학적 방법을 거치면 진실과 가장 유사하거나 가장 가깝다고 여길만한 결론을 얻을 수 있다. 과학자는 연구 중인 주제나 현상에 대해 매우 확고한 선입견이 있을지라도 과학적 방법을 거쳐야 한다. 과학은 신념이 아닌 확실성에 기초하기 때문이다. 그러므로 과학적 방법을 적절하게 활용하면 유연한 사고가 가능하며, 과학자가 꼭 지녀야 할 태도는 무엇보다도 열린 마음이다. 그래야만 우리가 철석같이 믿었던 가설이 실험을 거쳐 실제로는 틀렸음을 확인하는 비극적인 기쁨을 누릴 수 있다. 이를 통해 그동안은 믿지 못했던 가설을 가장 타당한 가설이라고 받아들일 수 있다. 반대로 과학이 도대체 무슨 도움을 주느냐며 의문을 제기하는 사람들도 있다. 그런 사람들은 증거가 없거나, 심지어는 증거가 완전히 다른 방향을 가리키는데도 자신의 생각이나 신념과 일치하는 것만이 사실이라고 주장하는 엄격하고 독단적인 사람들이다. 그런 사람들에게만큼은 마음이 열려 있지 않은 나를 용서해 주길 바란다.

물론 사람들에게는 감옥에 갇힌들 누구도 빼앗을 수 없는 완전한 자유가 있다. 우리가 좋아하는 것을 생각하고, 의견을 제시하고, 실험하고, 마음속에 구축할 자유다. 이는 당연히 지켜져야 할 자유다. 과학이 긍정하거나 부정하는 것은 과학과 관련이 있다. 무엇을 믿을지 결정하는 것은 개인의 자유이며 그런 믿음 또한 타인에게 해를 끼치지 않는 한 다양한 인간 정신의 한 형태로 존중받아야 한다. 🧠

15장

직감을 믿어도
될까?

다들 한번쯤 마음이 불안할 때 '이건 안 하는 게 좋을 거야' 또는 '그냥 해. 다 잘될 거야'라는 마음의 소리를 들어 봤을 것이다. 엄밀히 따지자면 이는 정신적이라기보단 본능에 가까운 것이다. 아주 고심해서 의사 결정을 내릴 때 도움이 되기도 하는 이러한 감각의 집합체를 우리는 직감이라고 한다. 전문 용어로서의 직감은 이성의 개입 없이 무언가를 명확하고 즉각적으로 이해하고, 알고, 인식하는 능력으로 정의된다. 보통은 마음의 소리를 직감이라고 한다. 그런 의미에서의 직감은 마치 최선이 무엇인지 아는 듯이 우리가 내리는 결정에 영향을 미치려고 하는 것 같다.

직감이 마법이라면 우리가 경험하는 삶이 이미 처음부터 끝까지 기록되어 있어서 우리가 내리는 결정으로 일어날 결과가 이미 정해져 있다는 전제가 필요하다. 정해진 운명을 직감이라는 마법으로 미리 내다보는 것이다. 이 가설의 문제는 삶과 운명이 어딘가에 쓰여 있다는 것을 뒷받침하는 과학적 요소가 없다는 것이다. 그러나 직감을 따랐을 때 위험을 피하거나 긍정적인 결과를 얻는 경우가 있기 때문에 직감은 좋고 옳다는 생각이 널리 퍼진 것이 분명하다. 뒤에서 직감은 좋은 것이라는 잘못된 인식을 형성하는 심리적 메커니즘에 대해서도 다룰 예정이다. 일단 지금은 우리가 직감을 따를 때 좋은 결과가 있었던 경우에 초점을 맞추겠다.

우리는 끊임없이 여러 선택권 중에서 결정을 내려야 하는 세상에 살고 있다. 결정을 내리는 상황은 잠재적 위험을 아는 경우와 알지 못하는 경우, 결과가 정해져 있는 경우로 나뉜다. 잠재적 위험이 명백한 상황은 선택을 내렸을 때 이익이나 손실이 얼마나 될지 아는 경우이며, 반대로 잠재적 위험이 확실하지 않은 상황은 선택으로 인해 특정 결과가 초래될 확률을 정확히 알지 못하는 경우다. 또 선택으로 인한 결과가 불분명하지 않고 완벽하게 정해진 경우가 있다. 잠재적 위험이 존재할 때 의사 결정을 내리는 예로는 주사위 게임에서 특정 숫자에 일정 금액을 걸고 주사위를 굴릴 때를 들 수 있다. 이 경우, 선택한 숫자가 나오면 돈을 벌고 그렇지 않으면 돈을 잃는다는 것을 명확하게 알고 있으며 돈을 탈 확률은 6분의 1, 잃을 확률은 6분의 5라는 것도 잘 안다. 위험이 어느 정도인지 정확하지 않거나 모호한 경우에는 네 가지 선택 사항이 있다. 그중 당첨과 꽝이 있긴 하지만 당첨금이 얼마인지, 꽝을 선택하면 얼마나 잃는지, 당첨 확률은 어느 정도인지 알지 못하는 경우를 들 수 있다. 마지막으로 결과에 대한 의심의 여지가 없는 결정의 예로는 길에서 돈을 주웠는데 같이 있던 사람에게 절반을 주기로 결정한 경우를 들 수 있다.

아마도 인간이라면 자신이 처한 상황에서 최선의 선택을 하기 위해 이성을 최대한 동원하고 각 선택권의 장단점을 세세히 평가한다고 생각할 것이다. 하지만 늘 그렇지만은 않다는 것도 잘 알고 있다. 인식 과정이 우리가 보는 세상을 왜곡하듯 사고 과정도 우리가 생각하는 방식을 왜곡한다. 달리 말하자면 환시가 존재하듯 사고에서의 착각도 존재한다. 심리학에서는 이것을 휴리스틱 heuristic 또는 인지 편향cognitive bias이라고 부른다.

인지 편향은 정신 과정mental process이 우리가 바라보는 세계를 더 쉽게 구성하려고 택하는 지름길과 비슷하다. 예컨대 다음 세 인물 중 전 세계를 이끌 리더를 뽑아야 한다면또는 딸의 남편감을 골라야 한다면 당신은 누구를 선택하게 될까?

◆ 후보 1: 부패 정치인들과 관련 있다. 점을 자주 본다. 최소 두 번의 외도를 저질렀고 그중 한 명에게는 폭력을 행사하였다. 흡연자며 하루에 마티니 8~10잔을 마신다.

◆ 후보 2: 직장에서 해고된 적이 두 번 있다. 정오까지 잔다. 대학 시절 아편을 피웠고 매일 밤 위스키 한 병을 마신다. 비만이며 성격이 나쁘고 공격적이기로 유명하다.

◆ 후보 3: 훈장을 받은 전쟁 영웅이며 채식주의자이고 평소에 흡연과 음주를 하지 않는다. 부정한 관계를 맺은 적이 없다. 여성을 존중한다. 동물을 사랑하며 매우 신중한 성격이다.

당연히 무의식적으로 후보 3번이 가장 적합하다고 생각했을 것이다. 이는 어떤 대상의 일부 특성이 전체 특성을 평가하는 데 영향을 미치는 **후광 효과**라는 편향에 따른 결과다. 어떤 사람을 한번 매력적으로 느끼면 그 사람에 대한 정보가 충분하지 않아도 자신도 모르게 긍정적으로 평가한다. 이 경우 후보 3번에 대해 주어진 정보 때문에 우리는 후보 3번을 과대평가했다. 애석하게 도 후보 3번은 아돌프 히틀러이며 1번은 프랭클린 루스벨트, 2번 은 윈스턴 처칠이다.

다른 상황도 가정해 보자. 어떤 사람이 당신에게 100만 원의 일정 금액을 준다고 한다. 당신이 그 금액에 동의하면 그 금액을 갖고 상대방은 남은 금액을 갖는다. 내가 주는 돈은 0이고 돈을 받기만 하니까 상식적으로 상대가 어떤 금액을 제시하든 수락할 것처럼 보인다. 하지만 최후통첩 게임ultimatum game에 따르면 실제로는 이와 같은 상황에서 상대가 총액의 20%보다 낮은 금액을 제시하면 거절할 확률이 높아서 누구도 돈을 받지 못한다. 미슐랭 별 세 개인 아주 근사하고 고급스러운 레스토랑에서 목이 너무 말라서 물 한 컵을 달라고 했는데 만 원을 내야 한다고 하면 납득할 테지만 흔한 동네 식당에서는 그렇지 않을 것이다.

또 다른 편향도 있다. 누구나 의도치 않게 드러내는 경향성이며 우리의 사고 및 결정 방식뿐만 아니라 세상을 인식하고 이해하는 방식에도 깊은 영향을 미치는 확증 편향이다. 확증 편향은 자신의 신념을 뒷받침하기 위해 주어진 정보 중 타당해 보이는 정보만을 받아들이는 경향이다. 내 생각이 틀렸다는 증거가 있음에도 불구하고 내가 믿는 것만을 과대평가한다. 이를테면 효과가 없다고 판명이 난 민간요법을 믿는 사람들이 아주 많다. 이런 사람들은 어떤 제품을 사용했는데 기적 같은 효과를 봤다거나, 친구가 그 제품을 사서 아이에게 주었더니 아이의 편도 질환이 치료되었다는 얘기를 들은 것이다. 어쨌든 '나한테는 효과가 있었어'라며 자신이 믿는 것을 과학이라 여긴다. 또 선거 유세에서도 일부 사실만 진실로 여기며 나머지 사실은 없었던 일로 치는 확증 편향이 나타난다. 팬데믹 기간에 모습을 드러냈던 부인주의도 확증 편향에 기반을 두고 있다. 예컨대 불특정 다수에게 백신으로 인한 부작용이 나타났다는 이유로 백신의 진짜 효과는 무시당했다. 또 다른 예는 생존 편향이다. 생존 편향은 존재하지 않는 정보를 변수로 고려하지 않는 오류다. 어떤 현상을 설명할 때 내가 가진 정보만 중요하게 생각하며 나에게 없는 정보는 간과한다. 이러한 생존 편향을 잘 보여 주는 사례가 있다. 제2차 세계 대전 당시 전략가들은 전투기에서 공격을 가장 많이 받은 부분이 어디인지 알아내서 방어를 강화하기 위한 연구를 수행했다.

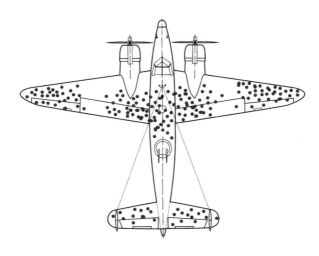

전쟁에서 사용된 전투기가 총알을 맞은 부분을 표시한 그림.

루마니아 출신의 수학자 아브라함 월드Abraham Wald는 전략가들이 생존 편향으로 인해 비논리적으로 연구를 진행하는 오류를 저질렀다고 했다. 전쟁터에서 복귀에 성공한 전투기만 가지고 공격을 가장 많이 받은 부분이 어딘지 연구했기 때문이다. 따라서 사진에서 표시된 부분은 사격을 당하기 쉬운 부분일 순 있어도 전투기가 잘 격추되게 만드는 부분은 아니다. 오히려 표시되지 않은 부분이 복귀에 실패한 전투기가 공격당한 부분, 즉 실제 격추의 원인이었다.

이를 비롯한 인지 편향의 다양한 사례는 우리가 세상을 바라보고 생각하는 방식의 매우 중요한 부분이 이성이나 논리를 벗어나 심하게 왜곡되었음을 보여 준다. 그런데도 인간은 신속하면서도 결과도 괜찮은, 상당히 효과적인 의사 결정 시스템을 개발한 것만 같다. 물론 인간은 의사 결정 상황에 직면했을 때 다양한 자원을 활용할 수 있으며 항상 인지 편향에 좌우되는 꼭두각시는 아니다. 당연히 그렇지 않다. 그러나 신경심리학적 측면에서 진행한 의사 결정에 대한 연구로, 항상 인간의 고유한 특징이라 여겨지는 논리나 상식을 바탕으로 살아가지 않는데도 결과가 그다지 나쁘지 않았다는 의문에 대한 해답이 어느 정도 제시되었다.

1990년대 말, 뛰어난 신경학자 안토니오 다마지오Antonio Damasio와 신경과학자 앙투안 베카라Antoine Bechara가 속한 연구진이 한 실험을 진행했다. 이 실험으로 의사 결정이 진행되는 과정을 비롯해 직감이 발휘되는 신경생물학적 메커니즘에 관한 연구는 큰 진전을 보였다. 이들은 아이오와 도박 과제IGT, Iowa Gambling Task로 알려진 도박 실험을 설계했다. 실험의 기본적인 규칙은 피험자가 네 장의 카드 중 하나를 선택하여 뒤집는 과정을 100번 정도 반복하는 것이었다. 피험자들은 실험을 시작하기 전에 카드를 선택하면 승리, 패배 또는 승리 후 패배로 이어질 수 있다는 정보를 받았다. 정보 고지 후 최대한 많은 돈을 따 보라는 말 없이 피험자들에게 실험을 시작하라고 했다. 연구진은 실험의 처음부터 끝까지 피험자들의 피부 전도도EDA, electrodermal activity를 측정했다. 피부 전도도는 땀이 나면 피부가 진동하는 특성을 활용해 측정한다. 땀의 미세한 변화가 특정 정서적 반응과 연관된다는 점을 고려하면 피부 전도도는 특정 상황에서 활성화되는 감정을 측정하는 객관적인 신경생리학적 척도다.

IGT 실험은 특정 이익이나 손실이 언제 발생할지 예측하거나 학습하기에 어려운 구조였지만, 크게 보았을 때 카드 네 장 중 두 장은 단기적으로 큰 이익을 보장하되 후반부로 갈수록 더 큰 소실을 유발하도록 설계되었다. 나머지 두 카드는 단기적인 이익은 적지만 손실이 거의 없었기 때문에 장기적으로 더 큰 이익을 낼 수 있어 훨씬 유리했다. 실험 전반에 걸쳐 피험자들은 위험도가 높은 카드를 선택하는 것을 점점 더 피하는 경향이 있었다. 구체적으로, 처음에는 완전히 무작위로 카드를 선택했다가 나중에는 이익이 가장 높은 카드를 선택하는 경향을 보였다. 그러다 곧 그 카드를 피하기 시작했고 한번 크게 잃고 나서는 절대 선택하지 않았다. 즉 피험자들은 자신이 왜 그런 선택을 하는지 완벽히 인지하지 않은 상태에서 더 위험한 결정을 피하는 법을 배웠다. 하지만 이 실험에서 특이한 점은 가장 안전한 카드를 선택하는 방향으로 행동 패턴을 수정하기 전에, 위험한 카드를 선택하려 하면 피부 전도도가 눈에 띄는 진동을 보였다는 것이다. 이는 피험자가 미처 인지하지도 못한 사이에, 위험한 카드를 피하는 방법을 '학습'하기도 전에 이미 결과가 잘못될 수 있다는 것을 예상했으며 이것이 피부 전도도로 나타났음을 의미한다.

이 실험을 전두엽, 특히 본능과 감정을 처리하는 영역에 손상을 입은 환자들을 대상으로 시행하자 흥미로운 반응이 나타났다. 앞서 언급했듯 전두엽에 손상을 입은 환자들은 충동적이고 경솔한 행동을 한다는 특징이 있고 일상생활에서 잘못된 의사 결정을 자주 내린다. 이 환자들은 작업을 올바르게 수행하는 방법을 학습하지 못했고 피부 전도도에서 변화가 측정됨에도 항상 가장 위험한 카드를 선택하는 경향이 있었다. 반면 편도체 손상이 있는 환자를 대상으로 실험을 반복한 결과 피부 전도도에서는 변화가 전혀 측정되지 않았고, 어떤 카드를 선택해야 이득 또는 손실인지 학습하지 않는 듯한 행동 패턴을 보였다.

이 실험을 통해 연구자들은 신체 표지 가설somatic marker hypothesis을 수립했다. 신체 표지 가설의 핵심은 모호하거나 잠재적 위험이 있는 상황 또는 인지 편향이 작용하는 상황에서 선택의 순간에 놓였을 때 우리의 행동과 의사 결정 방식에 관여하는 추가적인 요소가 있다는 것이다. 바로 감정이다. 여기에서 신체 표지란 특정 감정과 밀접한 관련이 있는 내부 감각심박수, 발한, 위 감각 등을 뜻한다. 의사 결정 과정은 항상 내부 감각의 영향을 받는다. 이때 편도체와 복내측전전두피질이 감정 신호를 처리하는 데 필수적인 역할을 한다. 따라서 뇌 시스템의 기능 장애는 의사 결정 과정에 이상을 초래할 수 있다.

복잡한 상황에서 결정을 내릴 때는 인지 체계가 무너지고 포화 상태가 되어 이성이 통하지 않는다. 우리는 과거의 경험이 행동에서 파생되는 이익의 가치를 평가하는 데 중요하게 작용한다는 것을 안다. 의사 결정 과정에서도 이전에 유사한 결정으로 이익을 얻었다면 같은 결정을 내렸을 때 이익을 얻을 확률이 높다고 판단한다. 문제는 모호하고 복잡한 상황에서는 이익을 계산하는 시스템이 결과를 예측하지 못하는 경우가 많다는 것이다. 이때가 바로 신체 표지가 의사 결정 과정에 투입된다는 가설을 적용할 만한 상황이다. 그런데 우리는 내부의 작은 신호나 감각이 발생한다는 사실조차 인지하지 못하고, 그것이 결정하는 데 영향을 미친다는 점은 더욱더 알지 못한다.

  앞서 언급했듯 감정은 인간 생존에 결정적인 역할을 한다. 그래서 뇌가 모든 요소 중에서도 감정을 최우선시하는 것이다. 어두운 밤에 거리를 걷는데 멀리서 누군가의 실루엣이 보인다고 상상해 보자. 처음에는 그냥 누군가가 걷고 있다고 생각할 수도 있지만 갑자기 왠지 기분이 나빠지고, '영화를 너무 많이 봤나'라고 생각하다가도 방향을 바꿔 그 사람을 피하고 싶어진다. 그렇다. 우리에겐 직감이 있다. 그런데 직감은 대체 어떻게 생긴단 말인가? 앞에서도 다룬 것처럼 사전 지식을 활용해서 외부 세계를 분석하고 의미를 부여하는 시스템이 있다. 이 시스템이 멀리 보이는 그 사람의 자세, 걸음걸이, 몸짓 같은 특징을 감지해서 우리가 본 것을 확실히 인식하기도 전에 감정적 반응을 먼저 유발했을 수 있다. 뇌가 분석을 마치는 동안 우리는 분석이 일어나는 과정을 전혀 느끼지 못한다. 아마도 어떤 사람이 내가 걷던 길에서 강도를 당했다는 얘기를 들었을 수도 있고, TV에서 비슷한 장면을 봤기 때문에 사전 지식에 의한 경보가 울렸을 수도 있다. 그런데 이런 상황에서 경보 시스템이 작동하면 감정의 활성화와 연관된 생리적 반응이 일어난다. 신체 표지 신호는 우리 의지와는 상관없는 결정을 내리게 만들며 그것이 바로 직감이다.

　신체 표지가 어떻게 직감으로 이어지는지 조금 더 일상적인 예를 들어 보겠다. 저녁 식사 장소를 찾고 있는데 괜찮은 식당 두 군데가 있다고 상상해 보자. 메뉴도 가격도 비슷해서 결정을 못 하고 있는데 갑자기 '이 레스토랑이 더 낫다'고 말하는 내면의 목소리가 들리면서 그쪽을 선택한다. 실제로 이런 상황에서 우리는 내적 감각, 즉 직감에 따라 결정을 내렸을 것이다. 하지만 앞에서도 말했듯 다른 레스토랑을 선택했을 때 어떤 운명을 맞이할지, 결과가 얼마나 비극적일지 알고 그런 선택을 내리는 것은 아니다. 오히려 외부 세계를 모니터링하고 분석하는 시스템이 조명, 내부 구조, 식당 안의 사람들과 같은 요소들을 사전 지식과 비교하면서 최소한의 감정적 반응을 유발하는 무언가를 감지했을 가능성이 가장 크다. 그래서 우리가 결정을 못 내리고 주춤하고 있을 때 내부의 신호가 작동하여 최종 선택을 내리는 것이다.

　즉 신경과학적으로 직감을 해석하자면 이렇다. 직감은 좋은 상황이든 나쁜 상황이든 감정의 활성화로 우리 몸에 변화가 생기면, 우리가 의식하지 못하는 사이에 몸이 뇌에 신호를 보내고 그 신호가 인지 과정에서 처리되면서 발동한다. 결국 최선의 결정은 마음이 이끄는 대로 내리는 것이다.

16장

나 오늘
예지몽 꿨어

바르셀로나 거리를 걷던 어느 날 오후. 괜히 추억에 잠겨 생각이 꼬리에 꼬리를 문다. 최근에 다녀온 여행을 돌아보고 몇 주 내로 처리해야 할 일을 정리하고 친구들과 보냈던 즐거운 밤을 떠올린다. 이것저것 생각하다가 갑자기 누군가가 떠오른다. '최근에 떠올려 본 적 없는 사람인데'라고 생각한다. 어쨌든 지금 드는 생각은 이렇다. '다니엘은 뭘 하고 있을까?'

몇 분 후에 골목 모퉁이를 도는데 길 건너편에서 다니엘이 내 이름을 부르면서 짠하고 나타난다. 다니엘을 만난 지도, 소식을 들은 지도 족히 3년은 된 것 같고 그저 몇 분 전에 떠올렸을 뿐인데 내 앞에 나타나다니.

누구나 이런 경험을 해 봤을 것이다. 갑자기 누군가가 생각났는데 그 사람을 마주치거나 전화가 오면 자연스럽게 내가 혹시 예지력이 있나 싶다.

이와 비슷하게 미래를 내다봤다고 말하는 사람이 많다. 놀라울 정도로 예지력이 빛을 발할 때도 있다. 찜찜해서 비행기를 안 탔는데 비행기가 추락했거나, 끔찍한 사고가 나는 장면이 떠오르거나 그런 꿈을 꿨는데 다음날 똑같이 사고가 났거나, 누군가의 죽음을 예견한 사람들도 있다.

정말 예지력이 있는 걸까? 운명은 이미 정해져 있으며 신비한 방식으로 그 미래를 먼저 보는 걸까? 예지력이 있다고 믿는 것은 다분히 인간적이며 다른 신념만큼이나 존중받아 마땅한 자유라고 생각한다. 다시 한번 말하지만, 과학자로서 정확한 해답이 없고 설명하기 어려운 대안을 부정하거나 의문을 제기하려는 것은 아니다. 하지만 나는 미래 예지를 신비로운 현상이라고 생각하기 이전에 이성과 지식에 기반해 과학적으로도 설명이 가능하다는 점을 말하고 싶다.

인간은 확률이나 통계의 실제 의미를 추론에 활용하는 데 능숙하지 않다. 동전을 던질 때마다 앞면이나 뒷면이 나올 확률은 같지만, 우연히 세 번 연속으로 앞면이 나오면 어쩔 수 없이 다음에도 또 앞면이 나올 것으로 생각한다. 사실 확률은 변하지 않는데 말이다. 예를 들어 룰렛 게임에서 빨간색이나 짝수가 여러 번 나타나는 경우와 비슷한 일이 베팅 게임에서도 자주 생긴다. 복권을 살 때는 자신이 찍은 번호가 실제로 당첨될 확률이 얼마나 될지 모르며 정확히 계산하지도 않는다. 그렇다고 복권 당첨이 절대 불가능하다는 말은 아니다. 오히려 통계나 확률은 엄청나게 변덕스럽고 통계적으로 불가능해 보이는 일이 일어날 가능성이 분명 존재한다는 뜻이다. 문제는 뇌가 항상 모든 일에서 패턴이나 인과 관계를 찾는 경향이 있다는 것이다. 즉 특정 원인의 결과로 발생한 무작위적 또는 설명하기 어려운 현상은 인간의 신경계가 이해하기엔 무리가 있다.

생각은 끊임없이 쏟아지며 우리는 그 생각들에 아주 잠깐 집중했다가 또 금세 잊는다. 누군가에게 아침에 무슨 생각을 하는지 묻는다면, 그 사람은 아마도 아주 구체적으로 떠올렸던 생각만 기억할 것이며 대부분은 자신이 무슨 생각을 했는지조차 떠올리지 못할 것이다. 이는 내가 이 책의 초반에서 새로운 기억 형성에 있어 주의력과 정보 처리의 깊이가 하는 역할에 대해 말한 내용과 일맥상통한다. 하루 종일 감각 기관에 영향을 미치는 수많은 자극이 전부 다 기억으로 남지는 않는 것처럼 생각도 마찬가지다. 결과는 뻔하지만 강조할 만한 가치가 있는 내용이다. 그리고 뇌가 학습하지 않아서 기억으로 저장되지 않은 내용은 나중에 그것을 떠올리려 해도 머릿속에 남아 있지 않다. 그럼 이것은 예지와 무슨 관련이 있을까? 앞서 다뤘던 확증 편향과 생존자 편향을 연관 지어 볼 수 있다.

사람들은 무의식적으로 자신이 믿는 내용에 부합하는 것을 더 개연성이 있거나 진실하다고 생각하는 경향이 있다. 동시에 기대하는 사건과 일치하는 것에 주의를 기울이고 그것을 기억하는 경향도 있다. 예컨대 어떤 사람이 지난 몇 년 동안 비행기 추락 사고에 대해 3,000번 정도 생각할 확률도 매우 높고, 이러한 생각이 다른 많은 생각과 마찬가지로 딱히 기억에 남지 않을 확률도 높다. 그런데 그가 비행기 사고를 상상하거나 비행기 사고가 나는 꿈을 꾼 뒤에 우연히 비행기 사고가 실제로 일어났다고 치자. 그러면 그 비행기 사고는 다른 자잘한 사건들과는 달리 머릿속에서 굉장히 중요한 사건으로 처리되고 저장된다. 결과적으로 그 사람은 자기가 비행기 사고를 떠올렸더니 실제로 비행기 사고가 났다는 인상을 받는다. 하지만 그 전에 2,999번이나 비행기 사고를 떠올렸지만 그때 비행기 사고가 일어나지 않았다는 사실은 모른다. '그 사람을 떠올렸더니 그 사람이 나타난' 경험도 똑같다. 사실 그 사람은 물론이고 다른 사람을 떠올린 적도 많지만, 다른 사람들은 내 앞에 나타나지 않았을 뿐이고 그러면서 그 사람들을 떠올린 기억도 자연스레 사라진 것이다.

이 같은 경험을 했을 때 개인의 성격에 따라서 각자 부여하는 의미가 달라진다. 같은 경험이어도 사람마다 받아들이는 방식이 다르고, 사람마다 다른 성격은 여러 경험이 쌓여 형성된다. 교육 수준, 나이, 자라 온 환경을 불문하고 신앙심이 깊은 사람, 내성적인 사람, 새로운 경험을 추구하는 경향이 있는 사람, 차분한 것을 선호하는 사람이 있는 것처럼, 초자연적인 사건이 일어날 확률이 크다고 믿는 사람도 있는 것이다. 비현실적 현상을 믿는 사람들과 그렇지 않은 사람들을 대상으로 전혀 관련 없는 두 사건이 연달아 발생하는 실험을 진행했을 때 전자는 두 사건 사이의 인과 관계를 더 쉽게 만들어 내는 경향이 있었다.

몇 년 전, 우리 팀은 파킨슨병 환자의 학습 과정을 연구하기 위해 기능적 자기공명영상functional magnetic resonance imaging, fMRI을 활용한 연구를 설계했다. 실험에서 피험자들은 둘 중 하나를 선택하는 내기 게임에 참여했다. 게임은 500판이 넘게 진행됐다. 게임을 하면서 피험자들의 선택으로 인한 결과를 뇌에서 이익 또는 손실로 인식하는 과정을 관찰하는 실험이었다. 실험이 끝나고 나에게 게임의 룰을 정확히 파악했다면서 자랑스러운 미소를 지으며 설명했던 참가자들이 꽤 많았다. 나는 참가자들의 생각에 의문을 제기하진 않았지만, 사실 그 실험은 참가자는 물론이고 실험을 설계한 우리조차 선택과 결과 사이에서 어떠한 인과 관계도 찾을 수 없게 만들어진 것이었다. 그런데도 참가자 다수가 실제로는 존재하지 않는 게임의 패턴을 알아내서 결과를 예측했다고 믿었다.

그런데 훨씬 더 오래전, 나는 어떤 일을 겪으면서 예감이나 예지에 지대한 영향을 미치는 또 다른 메커니즘에 관해 생각하게 되었다. 이전 장에서 다룬 신체 표지와 관련된 경험이다.

내가 열아홉 살쯤, 아직 부모님 집에 살고 있을 때였다. 우리 집은 도심에서 멀리 떨어진 지역에 있었고 집의 뒤쪽으로 몇 킬로미터 더 가면 지로나Girona와 바익스 엠포르다Baix Empordà 사이를 가르는 레 가바레스Les Gavarres라는 웅장한 숲이 펼쳐졌다. 그날 나는 감기로 열이 나서 속으로 온갖 욕을 하며 몇 시간 동안 거실 소파에 누워 있었다. TV조차 보기가 힘들어서 큰 창문으로 정원에 있는 부모님과 나무들을 하염없이 바라보기만 했다.

어머니는 누구보다도 결단력 있고 침착하며 항상 모든 가능성을 염두에 두고 긴장하지 않는 분이셨다. 그런데 그날은 유독 몇 시간째 불안해하고 계셨다. 나중에 우리가 당시 키우던 골든레트리버 베케르가 긴 산책을 마치고 돌아오고 나서야 그 이유를 알게 됐다. 나는 당연히 아프다는 무언의 핑계로 그다지 신경 쓰지 않았다. 몇 시간 후에 멍하니 창밖을 바라보는데 작은 빛이 떠다니기 시작했다. 가장 먼저 떠오른 생각은 '이런, 열이 너무 많이 나나. 헛것이 다 보이네'였다. 열이 39도까지 오른 내가 보기에 더 희한한 광경이었다. 처음에는 작은 빛 하나였지만 몇 분 후에는 공 모양의 빛 여러 개가 정원을 떠다니고 있었고 나중에는 아주 독특한 붉은빛을 띠기 시작했다. 얼마 지나지 않아 사이렌 소리와 헬리콥터 소리가 들렸고, 몇 분 후에는 헬리콥터가 수영장에서 몇 미터 떨어진 곳으로 조금씩 하강해서 물을 퍼 올리는 비현실적인 장면까지 보였다. 그제야 내가 본 빛이 불이라는 걸 깨달았다.

우리는 막 도착한 소방대원들의 지시에 따라 집을 나섰다. 그때까지 한번도 본 적이 없고 그 이후로도 다시 본 적 없는 엄청난 크기의 불이 굉장한 소음을 내며 단 몇 초 만에 우리 집을 둘러싼 나무들을 집어삼키는 모습을 보았다. 그 불은 우리 지역에 났던 큰 화재 중 하나였다. 산불은 몇 시간 전에 우리 집에서 몇 킬로미터 떨어진 곳에서 시작되었다. 그리고 우리가 살던 동네와 산의 경계가 되었던 고속도로와 시내의 도로들을 무차별적으로 무너뜨렸다.

그 큰불이 몇 시간에 걸쳐 산을 파괴하고 무서운 기세로 우리 집까지 다가왔는데도 소방대원들이 집에서 나가라고 할 때까지 나와 부모님, 이웃들 모두 불이 났다는 걸 알지 못했다.

그리고 놀랍게도 집을 나서자마자 열과 감기 기운이 씻은 듯이 사라졌다. 아주 희한한 경험이었다. 자연은 현명하다. 적어도 그건 훌륭한 진화의 결과였다. 그래서 나는 주변이 모두 불탈 때 열이 39도까지 올랐던 건 마치 고기를 던져 백상아리를 먼저 유인한 뒤에 바다로 뛰어드는 것과 같은, 인간이 발전시켜 온 적응력이라고 생각한다. 하지만 내 얘기보다 어머니가 몇 시간 동안 불안에 떨었던 것이 더 신기하다.

어머니는 갑자기 지금까지 자신이 왜 그런 건지 깨달은 듯 이렇게 말했다. "이제야 왜 그렇게 불안했는지 알겠네. 내 몸이 산불이 난 걸 알았던 것 같아."

자연재해는 인간을 비롯한 생물의 생존을 결정지어 왔다. 어떤 동물들은 인간의 지각 체계로 알아차리기 훨씬 전부터 지진, 산불, 대규모 홍수가 일어날 것을 정확하게 감지하는 능력이 발달했다. 이런 동물들은 땅이 흔들리기 몇 분 전에 도망치지만 지진 자체를 예측하는 건 아니다. 단지 인간이 인지할 수 없는 미묘한 진동이나 땅 틈에서 나오는 가스를 먼저 느끼는 것이다. 동물들이 마법사인 것이 아니라 생물학적 발달의 결과다.

우리 동네 산불 이야기가 그다지 특별한 것 없어 보일 수도 있다. 하지만 나는 생물들이 잠재적인 위험을 처리하기 위해 잘 보존해 온 원초적인 시스템이 있으며 그 시스템이 어머니가 무의식적으로 감지한 여러 신호를 뇌 속에서 처리하고 있었다는 점이 흥미롭다. 경고, 두려움, 도전과 회피를 담당하는 변연계와 감각 체계 간의 관계성을 고려하면, 이 경우는 타는 냄새나 묘하게 변하던 하늘의 색깔 같은 신호가 구체적인 의미를 지녔던 것은 아닐지라도 어머니를 몇 시간 동안 불안하게 만들었을 것이다. 왜 어머니는 느끼고 나는 느끼지 못했을까? 어쩌면 어머니들이 지닌 초능력일지도 모르겠다. 아마도 화재 발생을 감지한 뇌가 어머니에게 경고 메시지를 보냈을 것이다. 그래서 나는 미래 예지는 사실 뇌의 원초적인 기능이 우리가 인지하지 못하는 사이 외부 자극을 처리해서 발생한 현상이라는 설명이 합리적이라고 생각한다.

마지막으로 예지력이 관련된 또 다른 메커니즘이 있다. 앞으로 살펴보겠지만 이 메커니즘은 다른 기묘한 현상들의 중심 요소 중 하나다. 사실 이미 이전 장에서 주로 다뤘던 내용이기도 하다. 바로 우리의 기억이 쉽게 왜곡된다는 것이다.

우리가 기억으로 저장하는 경험은 이미지, 사람, 장소뿐만 아니라 그 경험이 발생한 시간과 관련된 정보도 동반되는데, 기억은 변형된다는 취약한 특성이 있다. 기억의 변형은 그 내용만이 아니라 우리가 기억이라고 부르는 모든 요소에 영향을 미친다. 경험을 신뢰하는 우리로서는 믿기 어려울 수 있지만 시간이 지나면서 경험을 실제로 일어난 순서와 다르게 기억하는 건 생각보다 쉽다.

우연히 다니엘을 만난 뒤에 다니엘을 떠올렸다면 이 순서는 다니엘을 떠올리고 난 뒤에 다니엘을 마주친 것과는 완전히 반대다. 예지력에 대한 기억은, 적어도 일부는, 우리가 기억의 실패나 재구성을 인식할 수 없다는 것으로 설명할 수 있다. 왜냐하면 우리는 기억을 절대적인 진실이라고 믿기 때문이다. 그러므로 갑작스럽게 기억이 왜곡된 탓에 기억의 순서가 뒤죽박죽되면 순서가 변경된 기억을 예지 경험이라고 착각하기 쉽다.

기억 왜곡은 생각보다 예지 경험에 훨씬 더 큰 영향을 미칠 수 있다. 보통 우리는 머리에 떠오르는 장면을 기억이라고 믿는다. '떠올랐으니 내가 경험한 것이다'라고 생각하기 때문이다. 받아들이기 어렵겠지만 때때로 기억이 재구성되면서 경험한 내용의 일부가 왜곡될 수 있을 뿐만 아니라 우리가 겪지 않은 사건이나 경험까지도 기억으로 저장될 수 있다. 따라서 '유령들의 전쟁' 실험의 예시와 비슷하게 기억은 시간이 흐르면서 개연성을 갖기 위해 내용과 구조가 상당 부분 변형된다. 우리가 미래를 내다봤다고 기억하는 몇몇 순간은 실제로는 일어난 적 없는 일이라는 것을 인정해야 한다. 예지력이 존재한다는 믿음, 우리의 기대, 심지어는 재미있는 에피소드를 만들고 싶다는 욕망이 지극히 평범한 경험을 신비로운 경험으로 둔갑시키는 데 크게 작용했을 수도 있다. 물론 A에 대해 생각했거나 A에 대한 꿈을 꾸었는데 A가 진짜로 나타났을 수도 있다. 당연하다. 복권에서 1등이 될 수 있듯, 아주 희박한 가능성을 뚫고 일어날 수 있는 일이다. 하지만 남들에게 자기 경험을 말할 때 무의식적으로 이야기를 꾸며 내고 살을 붙이면서 왜곡하다 결국에는 아예 소설을 쓸 수도 있다는 것이다.

우리는 기억으로 이루어진 존재이기에 기억한다고 믿는 것에만 가치를 두고 그것만이 진짜라고 생각한다. 앞서 뇌 손상으로 인해 경험하지 않아서 기억할 수가 없는 일을 기억으로 만들어 냈던 사람의 사례가 있었다. 그는 실제로는 일어나지 않은 잔인하고 충격적인 경험을 무의식적으로 끊임없이 자신의 기억으로 생성해 냈다. 말이 안 되는 것처럼 보여도 그 기억이 머릿속에 있는 한 그는 정말 그것이 자신이 겪은 일이라고 믿을 수밖에 없다. 여러 차례 말했듯 뇌는 우리가 보고 느끼고 기억하는 것에 일관성을 부여하는 이야기를 구성하는 경향이 있다. 일관성을 구축하는 과정에서 우리의 예상과 세상을 이해하는 방식을 포함하여 무한한 변수가 작용한다. 그래서 어떤 사건은 기억으로 저장되는 과정에서 그럴듯하게 포장되면서 신비로운 경험으로 기억되는 것이다.

17장

임사 체험은
진짜일까?

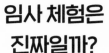

    죽음은 흔하다. 너무나 흔해서 하루에도 수천 명이 죽고 우리도 언젠간 분명히 죽음을 맞이한다. 죽음의 의미만 놓고 봤을 때는 나와 나였던 존재가 완전히 사라진다는 뜻인데 그게 대체 무슨 뜻인지 이해하기 어렵다. 죽음을 직접 겪어 보지 않았기에 설명할 수도, 짐작할 수도 없다.

    초월, 환생, 다른 차원으로의 이동, 천국과 지옥 그리고 절대적인 무의 상태絶對無까지. 인간의 탄생 이후 늘 함께해 온 종교들은 죽음을 소재로 무한한 상상의 나래를 펼쳤다. 인간은 타고나길 연약하며 언젠가는 죽는다는 사실을 인정하기 싫어하는 듯하다. 인간으로 살면서 죽을 확률이 얼마나 되는지 조금만 생각해 보면 결국엔 죽음이란 재앙이 닥칠 것이 뻔한데도, 우리는 죽음을 앞둔 존재처럼 행동하지 않는다. 모든 것이 곧 끝난다는 말을 들었을 때 사람들이 어떻게 반응하는지 살펴보면서 신경심리학자로서 깨달은 바가 크다.

살날이 얼마 남지 않았다는 사실을 알게 된다면 내 인생의 마지막 날을 어떻게 살아야 할지 모르겠다. 하지만 카운트다운은 이미 오래전에 시작되었고 나는 그 사실을 알면서도 죽는 날을 생각하지도, 내 삶의 방식을 바꾸려 하지도 않는다.

모든 생명체에 찾아오는 죽음은 그 이후를 알 수 없는 까닭에 명확한 결론을 내릴 수 없는 개념이다. 그래서 죽음 후엔 아무것도 남지 않는다는 사실을 받아들이지 못하는 것은 어쩌면 가장 합리적인 생각인 것 같다. 인간은 이렇게나 연약하고 인생의 어느 시점에는 반드시 죽음을 맞이하는 존재임이 분명하다. 그런데 적지 않은 사람들이 의술의 발전 덕분인지, 공식적으로 사망 선고를 받았다가 살아 돌아온다.

사망 선고를 받은 후 살아 돌아온 사람들은 죽어가는 과정, 죽은 상태, 되살아난 과정을 겪은 몇 분에 대해 일인칭 시점에서 생생하게 설명한다. 이를테면 심정지 상태에서 갑자기 회복된 환자들이 본인의 경험을 이야기하는 경우가 있었다.

이렇게 죽음에 가까워지는 경험을 임사 체험이라고 한다. 문화,

나이, 종교를 막론하고 임사 체험을 한 사람은 많다. 임사 체험에서는 각자의 종교나 믿음에 근거한 특징이 연관된 경험을 하기도 하지만 임사 체험자들이 공통으로 겪는 요소도 분명히 있다. 아주 편안한 상태, 고통의 부재, 육체에서 벗어난 느낌 또는 직접 육체를 보는 경험, 터널 끝의 빛을 보는 경험, 먼저 세상을 떠난 사랑하는 사람들과의 만남, 주마등처럼 지나가는 삶에 대한 회고, 다시 의식을 회복할 때 육체로 돌아오는 느낌 등등이다.

죽었다 살아난다는 건 그 자체만으로도 틀림없이 너무도 강렬하고 초월적인 경험이다. 그러나 임사 체험 도중에 더 특별한 일을 겪는다면 임사 체험자의 신념은 물론이고 그에게 삶과 죽음이 갖는 의미가 완전히 달라질 수밖에 없다.

임사 체험은 인간이 겪을 수 있는 가장 신기한 일 중 하나다. 임사 체험이 일어나는 상황을 생각해 보면 당연히 초월적인 현상으로 생각할 수밖에 없다. 과학자들은 임사 체험자들의 이야기에 의문을 제기해서는 안 된다. 이는 우리가 이해할 수 있는 영역이 아닌 존중해야 하는 부분이다. 하지만 죽음은 우리 주변에 너무나 흔하고 예측이 가능하다. 그리고 사망하는 사람 중 상당수가 비교적 예측 가능한 방식으로 병원에서 사망한다는 점을 고려하면 임사 체험 과정의 일부를 연구하는 것은 그다지 어렵지 않다.

과학계는 오랫동안 임사 체험에 관심을 가졌다. 하지만 죽은 사람들의 뇌에서 일어나는 일을 관찰하고 그것이 의미하는 바를 이해하려면 신경계에 대한 풍부한 지식과 적절한 기술로 철저히 통제된 상황을 만들어야 한다. 어쨌든 임사 체험이 신비롭고 초자연적인 현상이라고만 생각하기에 앞서 뇌가 죽기 시작할 때 지각 수준에서 어떤 일이 일어날 수 있는지 고려한다면 무한한 가능성의 창이 우리 눈앞에 열린다.

내가 이 책 전반에 걸쳐 설명한 내용이 있다. 외부 세계에서든 스스로 만든 내부 세계에서든 모든 인간 경험은 뇌 체계에서 생성된 아주 복잡하고 섬세한 구성이 필요하다는 점을 잊지 말아야 한다. 신경 질환이나 후천적인 부상으로 뇌의 특정 영역에 손상을 입은 환자들에게서 매우 유사한 증상이 확인된다는 점은 그리 놀랍지 않다. 일상 속 신경심리학적 현상을 살펴보면서 인간의 경험은 본질적으로 우리 뇌가 연약하기에 생겨난 결과물이라는 사실을 더 확실히 알게 되었을 것이다. 그렇다면 이것이 임사 체험에 갖는 의의는 무엇일까?

인간의 신경계는 인간이 생물학적으로 성장하고 주변 환경의 영향을 받으면서 자연스럽게 제 모습을 갖춰 간다. 이렇게 신경이 발달하는 과정에서 지각, 기억, 이해, 추론 등 인간이 경험할 수 있는 마법 같은 능력도 함께 생겨난다. 인생 전반에 걸쳐 뇌 기능이 점진적으로 최적의 상태를 향해 발달하듯 죽음도 한순간에 TV가 꺼지듯 모든 뇌 활동이 탁하고 꺼지는 것이 아니다. 심장이 박동을 멈추거나 뇌에 도달하는 산소가 없어졌을 때 뉴런의 활동이 조금씩 서서히 멈춘다.

뇌 기능에는 여러 이유로 이상이 생길 수 있고 그 결과 수많은 병리적 증상이 유발될 수 있다. 마찬가지로 우리가 죽을 때 뇌의 전원이 점차 꺼지는 것도 일련의 신경 이상 증세가 시작된다는 것을 의미한다. 당연히 그 과정에서 신기한 경험을 할 수 있다. 흥미로운 점은 임사 체험자의 대부분이 심장 문제, 익사, 또는 전신 질환으로 인한 심정지를 겪었다는 것이다. 하지만 뇌 손상으로 심정지를 겪은 사람들이 임사 체험을 할 확률은 극히 낮다. 즉 임사 체험을 하려면 상대적으로 손상되지 않은 뇌가 필요하다. 그래서 1993년에 T. 렘퍼트T. Lempert의 연구진, M.D. 콥크로프트M. D. Cobcroft와 C. 포스딕C. Forsdick의 연구진은 각각 임사 체험을 연구하는 실험을 진행했다. 실험에서는 피험자들을 마취해서 저산소성 뇌 손상을 인위적으로 유발했다. 두 실험 모두 피험자의 16%가 유체 이탈로 자기의 모습을 보는 경험을 했고, 35%는 엄청난 평화와 고통의 부재를 느꼈으며, 17%는 빛나는 섬광을 보았고, 47%는 다른 차원의 세계를 경험했다. 20%는 가족과 낯선 사람을 만났고, 8%는 터널을 보았다.

임사 체험을 현상학적으로 분석하여 세분화하면 모든 임사 체험은 시각, 지각, 전정 신경, 기억과 관련된 증상을 보이며 이 책에서 전반에 걸쳐 다뤘던 증상들도 일부 포함된다. 또한 위치로 따지자면 뇌의 측두두정엽 및 후두엽이 임사 체험과 연관된다.

사실 여태까지 인간이 죽을 때 일어나는 일련의 사건을 관찰하기 위해 신경생리학적 기록이나 뇌 영상 기술을 사용하는 다양한 연구가 수행되었다. 어느 정도 예상할 수 있듯이, 연구 결과는 심정지 후 임상적으로 사망했다 해도 뇌 활동이 즉각적으로 중단되지 않고 서서히 멈춘다는 걸 보여 줬다. 또 놀랍게도 사람들 대부분에게서 굉장히 유사한 패턴이 나타났다. 2023년 미시간대학교 연구진은 세계적인 학술지 미국국립과학원회보PNAS에 생명 유지 장치 철회 후 심부전으로 사망한 환자 네 명의 뇌파 활동에 관한 이례적인 연구를 발표했다. 연구에 따르면 사람들이 생각하는 것과는 달리 뇌사 과정에서는 신경 활동이 점점 줄어들기만 하는 것이 아니다. 뇌사에 이르기까지 여러 단계를 거치며 어떤 단계에서는 뇌 활동이 현저하게 증가하기도 한다. 특히 감마 주파수라고 알려진 빠른 진동의 뇌파 활동이 증가하고 여러 뇌 영역에서 뇌파의 동기화 현상이 포착되었다. 이는 우리가 완전한 의식 상태일 때 관찰되는 패턴과 매우 비슷하다. 실험으로 얻은 가설에 따르면, 놀랍게도 뇌사가 일어나는 동안 위와 같은 과잉 활동은 측두두정엽-후두엽 영역에서 관찰된다. 측두두정엽-후두엽 영역에는 오래된 기억, 신체 및 공간 지각 또는 깊이 지각 등과 밀접하게 관련된 구조가 포함된다.

따라서 임사 체험에 관여하는 뇌의 여러 영역을 자세히 분석하지 않아도 임사 체험자들이 보편적으로 경험한 환상과 감각에 관해 설명할 수 있다. 임사 체험과 연관된 뇌의 영역은 외부 세계를 인식하는 역할을 하며 내부적으로는 상상의 세계를 구축한다. 그리고 임사 체험이라는 현상이 발생할 때도 그러한 뇌의 활동이 작용한 것이다.

18장

플라세보 효과와
늑대 인간

　이 책에서 다룰 주제에 대해 생각했을 때 나는 머릿속에 떠오른 아이디어를 바탕으로 목차를 대략 작성하기 시작했다. 18장은 원래 늑대 인간이 아니라 외계인을 만난 경험에 대한 장이 될 뻔했다. 외계인도 물론 의심할 여지없이 흥미로운 주제다.

　사실 1940년대와 1950년대 내내 뉴멕시코주 로즈웰의 UFO 사건 이후 외계인을 만났다는 증언이 쏟아졌고 현재까지 약 4,000명의 미국인이 외계인에게 납치당한 적이 있다고 주장했다. 외계인에게 납치당하는 것이 흔한 경험은 아니지만 그렇다고 전혀 없는 일도 아닌 것이다. 외계인과의 만남은 연구 대상이 되었고 수면 마비 시의 환각, 측두엽뇌전증, 기억 왜곡, 존재감, 개인의 성격을 포함하여 이 독특한 현상에 대한 다양한 가설이 제시되었다.

처음엔 이 주제가 무척 흥미롭게 느껴졌는데 책을 마무리할 즈음에 갑자기 이 장의 주제를 바꾸게 되었다. 2023년 여름, 원고를 최종 수정하던 중 나는 덴마크 코펜하겐에서 열린 국제파킨슨운동질환학회에 참석했다. 학회에서는 여느 때처럼 재미있는 이벤트가 진행됐다. 바로 참석자들이 매우 기대했던 비디오 챌린지라는 이벤트였다. 비디오 챌린지는 영상으로 임상 사례가 소개되면 참석자 중 누가 정확한 진단을 내리는지 경쟁하는 이벤트였다. 보통 실제 진단은 아주 복잡한 과정을 거치지만 말이다.

비디오 챌린지가 시작되었을 때 본회의장에는 약 3,000명이 모여 무슨 이야기가 시작될지 궁금해하며 다 같이 모니터를 보고 있었다. 첫 번째 챌린지는 인도에서 녹화된 간단한 사례였다. 영상에는 한 남자가 산소마스크를 쓰고 병원 침대에 누워 자신도 모르게 몸을 움직이면서 개가 짖는 듯한 소리를 내는 아주 전형적인 증상이 담겨 있었다. 환자가 내는 특징적인 소리도 무의식적인 움직임 중 하나로 분류되는데 보통 환자들은 특정 소리나 단어를 반복한다. 이렇게 소리를 내는 증상에는 으르렁거림이나 비명, 단어나 음절의 반복이 포함된다. 영상 속 환자의 경우 어딘가 개 짖는 소리와 비슷했다.

그런 다음 상황 설명이 이어졌다. 이 환자는 광견병 바이러스를 가졌을 가능성이 있는 개에게 물렸고 광견병 백신을 맞지 않은 상태였다. 그래서 모든 것이 영상에 등장한 환자가 광견병 바이러스에 감염되었고 광견병으로 인한 신경학적 증상 중 일부를 보이기 시작했다는 것을 나타내는 듯했다. 동시에 그가 개 짖는 소리와 유사한 소리를 내는 것도 전형적으로 특정 소리를 반복하는 증상인 것처럼 보였다.

그때 진행자가 영상에 소개된 사례가 광견병 감염으로 인한 여러 증상 중 한 형태라고 생각한다면 손을 들어 달라고 했고 적지 않은 참가자가 손을 들었다. 하지만 의외의 진단이 내려졌다. 병명은 너무나 생소했다. 바로 광견병공포증rabies phobia이었다.

알려진 바로는 인도 인구의 75% 이상이 광견병에 걸리면 죽기 전에 개처럼 행동한다고 믿는다. 인도 사회의 보건 위생 상황으로 짐작할 수 있듯 매우 높은 비율의 인구가 의료 또는 예방 서비스를 받지 못한 채 온갖 질병에 노출되어 살고 있다. 그 결과 많은 사람이 광견병과 같은 여러 질병 중 하나에 감염될 가능성에 대한 끔찍한 두려움을 갖게 된다.

광견병 바이러스에 감염되면 초기에는 독감과 유사한 증상, 발열, 관절통, 두통 및 전반적인 불쾌감 같은 증상이 나타난다. 그러다 시간이 지나면서 혼란, 흥분, 섬망, 비정상적인 행동, 환각, 불면증이 동반되며 물을 두려워하는 아주 독특한 신경학적 증상이 나타나기 시작한다. 예를 들어 환자가 유리잔에 있는 물을 보는 순간 비자발적인 경련이 일어나는 증상이다. 불행히도 광견병 환자는 대부분 2~10일 후 사망에 이른다.

어떤 질병을 무섭게 인식하고 있다면 특정한 증상이 나타날 수 있다는 것은 잘 알려진 사실이다. 코로나19 팬데믹 기간을 예로 들 수 있다. 코로나19의 복합적인 증상을 계속 접한 많은 사람이, 특히 확진자들과 접촉이 잦은 의료진들이 급성 호흡기 증상을 보였다. 그중 일부는 말도 안 될 정도로 갑자기 증상을 보였고 어떤 경우는 나중에 확인해 보면 음성이었다.

심리 상태가 물리적인 증상을 유발할 수 있다는 것은 굉장히 놀랍고 믿기 힘든 일이다. 그러나 우리는 누구나 실제로 이런 현상을 경험해 봤다. 다들 플라세보 효과를 들어 봤을 것이다.

플라세보 효과는 활성 성분예: 설탕 알약, 안수 치료, 다른 기전을 발생시키는 활성 성분이 함유된 크림 없이 치료 대상자에게 긍정적인 효과를 주는 치료나 시술을 말한다. 이 책에서 계속 설명했듯이 뇌는 사전에 사용 가능한 정보를 활용하여 가장 그럴듯한 시나리오를 만들고, 이는 우리가 사는 세상에 대한 인식과 경험에 상당한 영향을 미친다. 간단하게 줄이면 본질적으로 플라세보 효과는 사람들이 치료 과정에 갖는 기대와 그에 따른 인식 변화로 인해 발생한다. 예를 들자면 병원에서 종종 기대가 통증 인식에 미치는 영향을 보여 주는 전형적인 상황이 펼쳐지곤 한다. 건장한 청년이 채혈하는데 피를 뽑기 전부터 다 뽑은 후까지 상당한 불편감, 현기증, 통증을 호소하는 상황을 떠올려 보자. 그리 이상하지 않고 그럴 수도 있겠다 싶지만 이 청년이 온몸에 문신을 했다면 상황이 완전히 달라진다. 아플 때 찾는 '병원'이라는 공간에서 발생하리라 예상되는 상황은 꾸밈을 위한 공간인 문신 시술소의 상황과 매우 다르다. 그래서 채혈이 문신 시술보다 훨씬 덜 아픈 작업임에도 채혈의 통증에 대한 인식이 달라진다.

우리 뇌의 구조와 플라세보 효과로 인해 치료의 결과가 달라질 수 있는 것처럼, 잠재적인 질병에 대한 우리의 상상이나 기대가 신체 증상의 발현에 지대한 영향을 미치기도 한다.

의학, 특히 신경학의 역사에서 수 세기 동안 다뤄 온 매우 복잡한 현상 중 하나에서 극단적인 신체화 증상을 확인할 수 있다. 앙드레 브루이에André Brouillet의 〈살페트리에르의 병리학 수업〉이라는 그림이 있다. 프랑스 신경학자 장 마르탱 샤르코Jean-Martin Charcot가 당시 히스테리의 여왕이라고 불렸던 환자 마리 '블랑슈' 비트만Marie 'Blanche' Wittmann을 진찰하는 모습을 묘사하고 있는데, 여기에는 의사 요셉 바빈스키Joseph Babiński와 질 드라 투레트Gilles de la Tourette도 등장한다.

〈살페트리에르의 병리학 수업〉(1887), 앙드레 브루이에.

　역사적으로 히스테리라 불렸던 이 증상은 히스테리성신경증, 전환장애 등 여러 이름으로 불리다가 현재는 기능성신경학적장애functional neurological disorder로 불린다. 얼핏 봐서는 신경학적 증상처럼 보이는 증상이 하나 또는 여러 개가 갑자기 발생한다는 특징이 있다. 증상은 실명, 비정상적인 움직임 및 자세, 마비, 언어 장애, 기억 장애 및 일반적인 인지 문제와 같은 지각 장애와 비슷한 형태로 나타날 수 있다. 하지만 신경 질환에 걸렸을 때와는 다르게 뇌 손상은 없으며 신경 질환에서는 관찰되지 않는 증상들이 나타난다. 예를 들어 기능성 신경학적 장애가 있는 사람들은 신체 부위의 마비와 비정상적인 자세가 증상으로 나타나는

데 주의가 산만해지면 증상이 감소하거나 심지어 사라지는 경우가 많다. 특히 흥미로운 점은 인위성 장애factitious disorder로 알려진 증상과 혼동해서는 안 되며 어떤 이익을 얻기 위해 증상을 의도적으로 조작하는 행위와도 구분해야 한다는 것이다. 기능성신경학적장애 환자가 거짓말을 하는 것처럼 보일 수 있지만 환자는 자신의 증상이 거짓이고 그로 인해 타인을 자극한다는 사실을 인식하지 못한다. 이러한 증상의 발현과 관련된 메커니즘은 부분적으로 알려져 있다. 하지만 기대가 인지 체계에 미치는 영향과 플라세보 효과가 발생하는 과정을 기능성신경학적장애의 주요 원인으로 들 수 있다. 사실 기능성신경학적장애의 흥미로운 점은 실제로 신경학적 또는 의학적으로 질병에 걸렸을 때 나타나는 증상이 아니라 환자들이 상상한 형태의 증상이 나타난다는 것이다. 이해하기 쉽게 설명하자면 기능성신경학적장애 환자에게서 나타나는 보행 장애의 형태는 마치 보행 장애가 있는 것처럼 행동해 보라는 요청을 받았을 때 할 법한 행동과 비슷하다. 또한 기억장애가 발생할 때도 일반적인 기억 장애가 아니라 거의 비현실적이라 할 수 있는 끔찍한 수준의 기억 상실 증세가 나타난다.

안타깝게도 기능성신경학적장애는 의료계에서도 잘 알려지지 않았을 뿐더러 그 의의도 과소평가되었다. 환자들은 미친 사람, 과장하는 사람 또는 척하는 사람으로 낙인찍히는데 보통 사람들은 환자들에게 관심을 두거나 신경 쓰지 않는다. 하지만 다행히도 신경학계에서는 기능성신경학적장애에 전념하는 전문가가 점점 더 많아져 물리 치료 등 효과적인 치료법이 많이 개발되었고 그중에서도 인지 행동 치료가 가장 효과적이라고 알려져 있다.

기능성신경학적장애는 대부분 장기간의 극심한 스트레스를 경험한 이후 또는 충격적인 사건을 겪은 후에 나타난다. 셸 쇼크 shell shock를 예로 들 수 있다. 셸 쇼크는 1차 세계 대전 이후 전쟁터에서 복귀한 군인 다수에게 나타난 떨림과 운동 장애 증상을 의미한다. 오랜 시간 셸 쇼크 증상을 완화하기 위해 여러 강력한 수단이 도입되었다. 어떤 경우에는 환자에게 특별한 조처를 하면 플라세보 효과처럼 증상이 개선되고 심지어 자연적으로 완화되기도 했다.

그렇다면 정말 늑대 인간이 이런 증상과 관련 있을까? 전부 관련이 있다. 이 장의 시작 부분에서 개에게 물린 인도 청년을 진단하는 데 사용된 광견병공포증에 대해 언급했다. 광견병공포증은 코로나19에 확진되어 죽을까 봐 두려워하는 사람들에게 일어난 일과 비슷한 면이 있다. 광견병공포증의 배경으로 인도의 문화와 사회적 분위기를 고려해야 한다. 인도에서는 개에게 물리면 광견병에 걸릴까 봐 두려워하는 것이 당연하다. 영상에 소개된 청년이 개에게 물린 뒤 개처럼 짖는 증상을 보인 것은 인도인의 75%

가 당연하다고 받아들일 만한 증상이다. 다시 말해 이 청년은 기능성신경학적장애 환자였고 산소마스크를 썼던 이유도 그 때문이었으며 사실은 광견병 바이러스에 감염된 적이 없었다.

이러한 증상을 칭하는 가장 정확한 용어는 동물화망상zoanthropy의 한 종류인 견신망상cynanthropy이다. 견신망상은 처음엔 자신이 개가 되었다고 생각하다가 이후 다른 동물이 되었다고 착각하기도 하는 망상이다. 여러 의학 보고서에 따르면 견신망상과 같은 정체성 장애는 앞서 언급했던 코타르증후군과 비슷한 망상 장애와 함께 나타난다. 그러나 인도 청년의 경우를 보면 기능성신경학적장애가 있으면 망상 증상이 없더라도 정체성 장애가 발현될 수 있다는 것을 알 수 있다.

흥미롭게도 인류 역사 전반에 걸쳐 가장 흔히 나타나는 동물화망상은 바로 낭광증lycanthropy이다. 쉽게 말하면 망상이고 위에서 다룬 내용을 응용해 본다면 자신이 늑대로 변했다고 생각하는 기능성신경학적장애의 증상이라고 할 수 있다. 사실 낭광증과 견신망상은 역사적으로 매우 자주 발생했던 증상이다. 그뿐만 아니라 2021년 의료계에서 체계적으로 검토한 바에 따르면 자신이 개나 늑대 인간으로 변했다고 주장한 환자의 사례가 43건으로 확인되었다. 그 원인으로는 주로 조현병, 정신병적 증상을 동반한 우울증, 양극성 장애가 꼽히며 초기에 약물 치료를 진행하면 증상이 호전되었다.

　질병과 증상에 문화가 미치는 영향은 상당히 크며 어떤 영향을 미칠지 종잡을 수 없다. 사실 낭광증은 '문화 관련 증후군' 중 하나로 간주된다. 즉 특정 문화권에 존재하는 신념이나 두려움의 결과로 나타나는 경향이 있다는 의미다. 예를 들어 가장 독특한 문화 관련 증후군 중 하나는 코로증후군Koro syndrome으로 특히 아시아에서 아주 흔하게 관찰된다. 코로증후군은 음경이 점점 짧아지다 못해 뱃속으로 들어가는 듯한 느낌을 받다가 이러한 음경의 수축으로 인해 극심한 죽음의 공포를 느끼는 것이 특징이다.

제5부

뇌에 관한 궁금증 그리고 오해와 진실

신경계가 인간의 모든 표현 방식에 미치는 영향에 관한 연구는 최근 눈부신 진전을 이뤘다. 다만 부족했던 부분은 새로운 정보가 가진 진정한 의미가 많은 사람에게 제대로 전달되지 못했다는 것이다. 더불어 지난 10년 동안 '신경'과 관련된 분야는 폭발적일 정도로 눈에 띄게 확장되었다. 그러나 안타깝게도 지금 유행하는 신경 분야가 겉보기엔 과학적인 것처럼 보이지만 대부분 완전히 말도 안 되는 내용을 담고 있다. 그리고 사실 뇌 기능과 관련된 미신, 거짓말, 유행, 어처구니없는 해석이 너무도 많다. 앞서 언급한 바로 그 확증 편향의 결과로 많은 사람이 잘못된 상식을 절대적인 진실이라고 믿으며 또 어떤 이들은 이것을 사업 아이템으로 이용하기도 한다.

역설적으로 뇌에 관해 이야기한다는 건 굉장히 복잡한 체계에 관한 것이다. 그런데도 최근에는 교육, 마케팅, 코칭, 경제, 정치, 심지어는 정신신경면역학이나 뇌와 인간 정신의 기능에 관한 이해도가 사실상 현저히 떨어지는 분야 등 유사 과학에서도 누구나 신경학 또는 신경심리학이라는 용어를 아무렇게나 사용한다.

이처럼 진실과는 거리가 먼 여러 미신이 존재한다. 나에게 그런 미신들은 인간이 기능하는 방식에 대한 호기심만큼이나 중요하고, 아주 흥미롭다. 그런 의미에서 책의 마지막 장에서는 미신에 관해 다뤄 보려 한다. 🧠

19장

인간은 뇌의
10%만 사용한다?

인간 뇌의 기능과 지식에 관해 가장 널리 퍼진 미신 중 하나는 두말할 것 없이 인간이 뇌 용량의 10%만 사용한다는 것이다. 이 미신은 기본적으로 논리가 매우 부족할뿐더러, 더 최악인 것은 사업가들이 우리가 지금까지 낭비해 온 뇌를 활용하게 해 준다는 핑계로 장사를 하고 있다는 사실이다.

우선 우리가 뇌의 10~15%만 사용한다는 주장에 근거가 부족하다는 것은 아주 간단하게 알 수 있다. 그 이유는 바로 다음과 같다. 내가 호세보다 작다고 말할 수 있으려면 호세를 본 적이 있어야 하고, 아니면 적어도 내 키와 호세의 키를 알아야 한다. 이와 동일한 논리를 적용하면 인간이 뇌 용량의 10%만 사용한다는 것을 단언하려면 참고로 삼을 만한 100% 작동하는 뇌가 존재해야 한다는 점을 쉽게 알 수 있다. 게다가 실제로 100% 기능하는 뇌가 있다고 가정해 봐도 여러 사례에 따르면 사람들이 사용하는 뇌 용량은 대략 10% 정도밖에 차이 나지 않는다. 분명히 이 미신은 순 엉터리다.

우리가 인지 능력이라고 일컫는 능력을 최대한 효율적으로 사용하기 위해서는 특정 과정을 담당하는 뇌 영역의 크기가 중요한 것이 아니다. 뇌의 어떤 영역 또는 다른 영역이 사용되는지도 중요하지 않으며 어떤 영역이 더 활성화되느냐에 따른 것도 아니다. 뇌 기능은 연속적이고 광범위하며 겉보기에는 아주 혼란스러운 과정처럼 보인다. 하지만 우리가 무엇을 하든 심지어 아무것도 하지 않을 때도 뇌는 정교하게 조직되어 있다. 분명 사람마다 인지 능력이 다르고 살면서 주어지는 도전을 직면하는 방식의 효율과 능률도 모두 다르다. 하지만 어떤 경우에도 뇌를 더 많이 혹은 적게 사용하는 것이 인지 능력과 연결되지는 않는다. 이는 곧 잠들어 있는 뇌를 깨우고 자극한다면 초인지와 같은 능력을 얻게 될 수도 있다는 것을 의미한다.

그런데 실제로 뇌를 더 많이 사용한다고 해서 어떤 초능력이 생기지는 않는다는 것을 잘 보여 주는 예시가 있다. 신경 퇴행성 질환은 일반적으로 증상이 명백히 나타나기 전까지는 뇌 전반에 걸쳐 병리학적 변화가 서서히 발생하는 느린 과정이다. 이런 변화가 눈에 띄는 일도 있겠지만, 놀라운 점은 신경 퇴행성 질환의 대표적인 증상들은 대부분 잘 드러나지 않아서 겉보기에는 환자의 인지 능력에 문제가 없는 것처럼 보인다는 것이다. 그런데 신경 퇴행 과정의 초기 단계가 이미 진행 중인데도 그 어떤 신호나 증상도 보이지 않는 사람들의 뇌 기능을 연구해 보면, 건강한 사람들과 비슷한 수준으로 인지 과제를 수행하기 위해 뇌가 더 활발하게 활동한다는 점을 관찰할 수 있다. 다시 말해 신경 퇴행성 질환 환자들이 다른 사람과 똑같은 작업을 수행하려면 뇌 기능을 훨씬 더 많이 활용해야 한다는 뜻이다. 다양한 연령대의 어린이들을 비교해 보면 신경 발달 과정에서도 비슷한 현상이 관찰된다. 4살, 7살, 10살, 12살 어린이에게 반응 속도, 감시 및 억제 제어가 필요한 과제를 수행하라고 하면, 같은 작업을 수행할 때 나이가 가장 많은 아이보다 가장 어린 아이가 훨씬 더 뇌의 신경 활동이 활발하다. 즉 수행하는 작업의 요구 사항을 이해하는 뇌의 영역이나 과정이 아직 다 발달하지 않아서 더 많이 뇌를 써야 하는 것이다. 그러므로 뇌가 겉보기에 아주 활발하게 일하고 있다는 것이 곧 '더 잘한다'는 의미는 아니다.

20장

도대체 애들은
왜 저럴까?

아이들을 있는 그대로 관찰하고 이해할 수 있다는 건 정말 크나큰 행운이다. 그렇지 않고 아이들의 독특한 행동 하나하나에 의미를 부여한다면 우리는 어린이들이 하는 행동을 보고 가끔 악마 같다고 생각하게 될 것이다. 재미로 한 말이긴 하지만 어느 정도는 사실이기도 하다. 어른의 시선으로 봤을 때 어린이와 청소년들은 분명 이해할 수 없는 행동을 하기 때문이다. 대체 왜 그러는 걸까?

어떤 행동의 형태나 모습이 신경 인지 과정 혹은 뇌 기능의 결과임을 알려 주는 신호나 특징을 여러 상황에서 발견할 수 있다. 이는 그런 행동을 유발하는 특정 상황이나 변수가 있다는 말도 아니고 환경이 행동에 그만큼 영향을 미친다는 뜻도 아니다. 그저 행동의 일반적인 특성에 관해 말하려는 것이다.

아이들은 필요 이상으로 솔직하다. 너무 솔직하다 못해 자신의 언행이 일으킬 결과를 예상하지 못하며 자신이 말하는 내용이 얼마나 사회적 규칙에 부합하는지 생각하지도 못하고, 상대방이 자기 말을 듣고 어떤 기분이 들지 전혀 생각하지 않는다는 점을 간과하면 안 된다. 그래서 덩치가 크거나 외형적으로 눈에 띄는 사람이 옆을 지나갈 때 아이는 지금까지 본 것 중 가장 신나는 모습으로 팔과 손가락을 쭉 뻗으며 이렇게 소리친다.

"엄마! 이 아저씨 완전 뚱뚱해!" 여기서 '뚱뚱하다'는 표현은 '못생겼다' 등과 같이 어른이라면 원수에게도 사용하지 않을 표현으로 대체할 수 있다.

이런 일은 부지기수인 데다 아이들은 별것도 아닌 일로 갑자기 화를 내기도 한다. TV 채널을 돌릴 때, 알아들을 수 없는 단어를 말하고 자기가 다시 반복하지 못할 때, 지금 당장 필요하다며 떼를 써도 요구가 먹히지 않을 때, '샤워'라는 단어가 그냥 맘에 안 들 때 등등 우리가 이해할 수 없는 상황이 너무도 많다.

그리고 시간이 지나 어린이에서 청소년이 되면서 하는 행동들은 더 기막힌 데다 기본적으로 무모하고 위험하다. 아이들은 자라는 내내 그동안 누구도 생각해 내지 못했던 대략 3,562가지의 위험한 아이디어를 생성해 낸다. 소파에서 외줄타기하듯 걸어가며 옆에 있는 가구 이름이 들어간 노래 부르기, 높은 곳에서 뛰어내리기, 놀이터에서 위험천만한 방법으로 놀기, 불장난과 폭죽 터뜨리기그 외 비슷한 행동들, 머리에 돌 던지기, 갈수록 더 높은 곳에서 뛰어내리기, 음식이 아닌 물건 삼키기, 콘센트 만지기 등 다 나열할 수도 없다. 재미있는 건 청소년이 된다고 더 나아지는 것이 아니라 감수해야 할 위험의 종류가 바뀐다는 것이다. 부모들은 아이가 자전거를 타다가 골절, 긁힘 등 몸을 다치고, 무모하게 오토바이 탑승을 시도하고, 금지된 행동을 하고 싶어서 거짓말을 하고, 술을 마시고, 문제아 친구들과 어울리고, 그밖에 각종 문제를 일으키는 모습을 보는 행운을 맛본다.

여기까지 읽은 독자라면 앞서 다룬 내용을 고려했을 때 내가 방금 언급한 내용들이 책에서 쭉 다뤄 온 내용과 어딘가 비슷하다는 사실을 발견했을 것이다. 실제로 어린이와 청소년의 특징적 행동에서 가장 중요한 부분은 바로 이들의 행동이 전두엽활동량 감소hypofrontality 증상과 비슷하다는 점이다.

전두엽 기능은 동물의 세계에서 가장 복잡한 신경 인지 과정을 담당할 뿐만 아니라 인간다움을 만들어 주는 기능이기도 하다. 또 여러 신경이 발달하는 과정 중에서도 전두엽 기능이 최대 효율을 발휘할 만큼 발달하기까지는 가장 오랜 시간이 걸린다. 전두엽과 뇌의 다른 영역들과의 연결성은 성인이 될 때까지 완성되지 않는데, 전두엽 기능과 달리 다른 여러 신경 인지 과정과 뇌 구조는 아주 어린 나이에 완성되어 효율적으로 작동한다. 전두엽 기능이 모두 발달하는 데 시간이 걸리는 관계로, 성인이 될 때까지 전형적인 전두엽증후군frontal lobe syndrome 증상은 꽤 오랜 시간 지속된다. 이렇게 어린 시절과 청소년기의 행동은 전두엽증후군과 비슷해서 위험을 예측하거나 평가하고, 다른 사람이 생각하거나 느끼는 것에 공감하고, 감정을 조절하고, 자신을 억제하거나 결정을 내리는 것을 도와주는 기능이 미성숙한 상태에서 나타나는 것이다.

인간이 잠재적으로 이런 해로운 행동을 오랜 기간 지속하는 것은 의심스러울 정도로 적응력이 뛰어나다는 뜻이라고 생각할지도 모른다. 맞다. 하지만 우선 엄밀히 말하면 물리적인 문제가 있다. 인간은 성인 수준의 뇌와 신경 인지 능력을 개발하기 위해서 대가를 치른다. 인간이 막 태어날 적의 뇌 크기는 물리적으로 성인만큼의 뇌 기능을 감당할 만한 크기가 아니기에 다른 동물들과 비교했을 때 굉장히 미성숙한 상태다. 동시에 인간만의 고유한 특징은 타고나지 않고 환경에 노출되면서 발달한다. 이렇게 발달을 전혀 거치지 않은 상태로 태어난 인간에게는 보호와 애정에 기반한 양육이 반드시 필요하며 그 과정을 통해 인간다운 모습을 갖추게 된다. 그리고 어릴 적의 무모한 행동은 인간 외의 다른 종에게서도 관찰된다.

아이들의 행동은 무모하지만 결국 우리를 탐험으로 이끈다. 그리고 인간은 결과적으로 긍정적 강화와 부정적 강화를 거치며 행동을 통한 학습이 가능하다. 즉 인간이 충동적이고 무모하게 태어나지 않았다면, 위험을 예측하지 못하는 능력이 없었다면, 아마도 인간은 떨어질까 봐 무서워서 나뭇가지에 달라붙어 전전긍긍하는 원숭이와 다를 바 없었을 것이다.

21장

내향적 인간
vs
외향적 인간

진화의 어느 시점에서 우리 조상들이 무언가를 찾으려는 동기를 보이기 시작했다는 것은 분명한 듯하다. 예를 들어 음식과 같이 필요에 의해서든 아니면 특별한 이유가 없든 말이다.

어쨌든 최초의 유인원들은 황량한 세상에서 벗어나 인류의 첫 흔적이 나타난 곳에서 점점 더 멀어지면서, 아주 외딴 지역을 포함한 지구 전체를 정복했다.

새롭고 자극적인 것을 추구하는 경향은 사람마다 아주 다른 방식으로 나타난다. 인간의 성격은 상당 부분 경험에서 작용하는 변수에 의해 형성된다. 하지만 우리는 성격을 구성하는 대부분의 요소를 이미 타고났다.

21장 ‖ 내향적 인간 vs 외향적 인간

233

사람의 성격은 이처럼 제각각인데 그중에서도 호기심 어린 나의 시선을 사로잡은 극과 극의 성격 두 가지가 있다. '영화, 소파, 담요'만 있으면 더 바랄 게 없는 사람들이 있는 반면, 이런 것들로는 절대 만족하지 못하고 등반, 스키, 익스트림 스포츠 등 정반대되는 활동을 해야만 하는 사람들도 있다. 물론 누구나 혼자만의 시간을 갖고 싶을 때가 있고 스키를 타고 싶을 때도 있다는 걸 나도 잘 알고 있으니 오해하지 않길 바란다. 나는 당연히 누구에게나 있는 여러 면모가 아니라 오랜 시간 일관적으로 드러나는 각자의 성격에 관해 말하려는 것이다. 어떤 사람들은 안정적이고 예측 가능하며 차분한 것을 즐기고, 어떤 사람들은 미지의 세계나 위험한 곳으로 모험을 떠나 무슨 일이 생길지 기대하고, 집에서 15분 이상 보내지 않고, 27번이나 이사를 다니고, 직장을 18번 옮긴다.

유전학에 기초한 터무니없는 일반화나 결정론에 빠지려는 의도는 없다. 하지만 이렇게 극과 극인 성격이 형성되고 발현되는 데는 여러 변수가 작용하는데, 이때 특정 유전자가 하는 역할을 무시할 수 없다고 알려져 있다.

먼저 동기 부여와 학습에서 도파민이 하는 역할을 간단하게나마 설명할 필요가 있다. 뇌는 혼자서는 아무것도 모르고 무엇이 좋고 나쁜지 구별하는 방법은 더더욱 모른다. 하지만 뇌는 우리가 하는 행동에서 파생된 결과를 처리하고 쾌락적 가치를 부여할 수 있는 시스템을 개발했다. 뇌가 어떤 것이 좋은지 나쁜지를 구별하는 데 사용하는 필수 메커니즘은 기저핵의 복측선조체라는 영역에 있는 도파민 신경 세포의 활동 변화다. 예를 들어 동물이 레버를 누른 후 음식을 받는다면 도파민 신경 세포의 활동이 바뀌어 이 음식이 좋은 것이라는 신호를 보낸다. 이걸 어떻게 알 수 있을까? 동물이 미래에 같은 행동을 반복할 확률은 바로 신경 세포의 활동과 진폭에 따라 달라지기 때문이다. 도파민 신호는 우리의 행동에서 비롯된 결과의 가치를 평가하는 데 사용될 뿐만 아니라 미래에 대한 기대도 나타낸다. 따라서 쥐가 레버를 누르면 음식을 받는다는 것을 알고부터는 레버를 누를 때, 즉 음식을 받기 전에도 같은 도파민 활동이 나타나기 시작한다. 이처럼 행동과 결과 사이의 인과 관계가 구축되면, 예상보다 안 좋은 결과가 생기거나 예상한 일이 일어나지 않을 때는 반대 효과를 일으키는, 즉 행동을 중단시키는 또 다른 도파민이 활동한다.

간단히 말하면 특정 자극이나 미래에 대한 기대로 도파민 신호가 발생할 때, 그 도파민 신호의 크기와 어떤 행동이 반복될 확률 사이에는 관계가 있다. 다시 말해 도파민이 많이 분비되는 일은 반복될 가능성이 더 크다. 도파민이 많이 분비되는 활동은 무엇일까? 이를테면 섹스, 배고플 때 먹기, 뜻밖의 행운, 위험에서 살아남기, 코카인 같은 약물 투여 등이 있다.

뇌는 수백만 년 동안 매우 단순한 도파민 신호를 활용하여 좋고 나쁜 일을 판단해 왔다. 긍정적 강화로 도파민이 분비되는 경험이 주로 쾌락 경험이라는 점을 고려하면 특정 물질과 행동에 중독되는 주요 메커니즘을 이해하기 쉽다. 다시 말해 코카인으로 도파민이 엄청나게 분비된 뒤에는 뇌에 마약은 다시는 해서는 안 될 나쁜 일이라고 설명하는 것이 불가능하다.

동기는 우리가 어떤 행동을 하고 목표를 달성하도록 만드는 내적 에너지다. 그리고 도파민은 동기 부여된 행동을 촉진하는 특정 생각이나 자극을 유발한다. 따라서 아주 간단히 말하자면 오늘 밤 내가 초밥을 주문하게 만드는 생리적 과정은 이러하다. 초밥을 먹는다는 생각이 나의 복측선조체에서 도파민 활동의 변화를 일으키면 실제로 초밥을 먹을 때 도파민이 더 많이 분비될 거라고 예상하는 것이다. 도파민은 중독성 물질과 비슷하다. 인간의 뇌는 특정 행동으로 도파민이 분비되는 경험에 익숙해진다. 그래서 처음에는 매우 신나는 일이 더 이상 그렇지 않게 되고 다시 새로운 것이 필요해진다. 새로운 것을 추구하게 만드는 생리적 메커니즘은 바로 도파민의 역치가 점점 올라가 도파민에 대한 내성이 생기는 과정이다. 예를 들어 무엇이든 처음에는 0에서 100 중 30 정도의 도파민만 분비되어도 특정 행동에 동기를 부여하기에 충분하다. 그런데 시간이 지나면서 도파민 시스템이 30에 너무 익숙해지면 동기를 부여하기 위해 50 또는 60의 도파민이 필요해진다.

다 좋은데, 이 모든 게 내향 또는 외향적인 성향과 무슨 상관이 있을까? 인간에게는 COMT라는 유전자가 있다. COMT 유전자는 카테콜-O-메틸트랜스퍼라제라는 효소를 암호화하는 역할을 한다. 이 효소는 도파민과 아드레날린을 분해한다. 인간의 경우 COMT 유전자는 세 가지 유전적 다형성을 통해 발현될 수 있다. 이는 DNA 서열에서 나타날 수 있는 정상적인 변이다. COMT 유전자 다형성 중 하나인 Met158Met는 COMT 효소의 활동성이 매우 높아서 결과적으로 많은 도파민과 아드레날린이 분해되고 비활성화되었을 때 나타난다. 또 다른 다형성으로는 Val158Val이 있다. 이는 Met158Met과 달리 COMT 효소의 활동성이 매우 낮아서 도파민과 아드레날린이 활발하게 작용하는 상태를 뜻한다.

물론 유전자 다형성이 인간의 성격을 설명하는 유일한 메커니즘은 아니다. 하지만 Val158Val 다형성을 가진 사람들은 일반적으로 더 충동적인 성격을 보이며, 자극을 추구하고, 위험을 감수하는 반면 실수로부터 배우고 장기적인 이익을 추정하는 데 어려움을 보이는 경향이 있다. 반대로 Met158Met 다형성을 가진 사람들은 더 차분한 성격이며, 자극을 추구하는 경향이 거의 보이지 않고, 위험한 상황을 피하고, 시간을 더 계획적으로 관리하는 편이다.

신경생물학적 관점에서 보았을 때, Val158Val 다형성을 가진 사람들은 효소 활동성이 낮아서 Met158Met 다형성 보유자들보다 도파민의 역치가 훨씬 더 높다고 알려져 있다. 결과적으로 Val158Val 다형성 보유자들은 무언가를 추진하고 학습하려면 0에서 100까지 중 굉장히 높은 수준의 도파민 활동이 필요하다. 따라서 그들은 새로운 것을 추구하는 경향이 뚜렷하며 충동적인 행동에서 비롯된 부정적인 결과를 더 심각하게 받아들인다.

인간의 가장 기본적인 생물학적 특징이 성격을 형성하는 데 어떻게 관여하는지 보여 주는 매우 흥미로운 유전자가 또 하나 있다. 인간에게는 DRD4라는 유전자가 있는데 특히 도파민 시스템과 관련 있는 DRD4 유전자는 D4라는 뉴런의 도파민 수용체다. 이 유전자의 변이 유전자인 DRD4-7R 유전자는 우리가 지금까지 다룬 내용과 일맥상통하는 성격 특성과 연관된다. 여행 유전자라고 불리는 DRD4-7R 변이 유전자 보유자는 탐험과 여행을 즐기며 새로운 장소를 탐색하고자 하는 경향이 있다. COMT와 달리 DRD4-7R은 탐험이나 여행 같은 새로운 것을 탐색하는 성격 형성에 특별히 더 작용하는 점이 매우 흥미롭다. 사실 몇몇 연구에 따르면 이 변이 유전자가 가장 자주 발견되는 집단은 인간의 진화 역사 전반에 걸쳐 아프리카에서 가장 멀리 떨어진 집단, 즉 인류 역사의 시작점에서 가장 멀리 이동한 집단이다.

이렇게 인간의 성격은 생물학적으로 타고난 무언가에 상당한 영향을 받는다. 그래서 내가 주말을 소파에 앉아 영화나 보면서 집에서만 보낼 수 없는 것이다. 그리고 이로써 인류 역사에서 어느 순간 인간이 나무에서 내려와 정처 없이 걷기 시작하면서 탐험의 즐거움을 만끽하게 된 이유도 알 수 있다.

22장

노인성 치매는 없다

나에게 상담을 받으러 온 환자의 가족이 환자에 대해 '나이에 비해' 기억력 문제가 크진 않다고 말한다면 아주 다행이다. 최악의 경우 가족들이 '그럴 만한 나이'라고 생각한 나머지 상담받으러 오지도 않기 때문이다.

노인성 치매는 노화, 즉 늙는 것이 치매의 원인이 된다고 가정하는 말이다. 치매는 독립적인 생활이 불가능할 정도로 신경 인지에 심각한 문제가 생겨 나타나는 일련의 증상을 뜻한다. 다시 말해, 치매 환자는 혼자 살아갈 수 없다. 하지만 엄밀히 말해서 치매는 질환이 아니라 수많은 원인으로 인해 발현된 증상들의 집합체다. 예를 들어 치매는 알츠하이머, 두부 외상, 발작, 알코올으로 인한 뇌 손상이 복합적으로 작용하여 발생할 수 있다.

　노화는 모든 생명체가 전 생애에 걸쳐 겪는 생물학적 과정이다. 인간은 나이가 들면 주름이 생기고, 신체와 정신의 민첩성이 떨어지고, 노화에 따른 여러 질환이 발생할 위험성이 높아지는 등 명백한 생리학적 변화를 경험한다. 그래서 아주 오랫동안 우리는 인지 능력은 떨어졌는데 알츠하이머에 걸리지 않은 노인의 모습은 노화로 인한 자연스러운 현상이라고 여겼다.

　하지만 아무리 고령이라 할지라도 나이가 드는 것 그 자체가 심각한 기억력 저하나 치매와 같은 인지 질환을 유발한 배경이라고 설명할 수 없으며 직접적인 원인도 아니다.

　앞서 언급했듯 인간의 잠재적인 인지 능력은 생애 초기에 폭발적으로 발달한다. 그러다 머지않아 나이가 들면서 인지 능력은 점차 저하되지만 그것이 곧 일상생활을 방해할 정도의 문제로 이어지지는 않는다. 이 과정에서 인지 기능에 점진적이고 지속적인 변화를 겪은 사람은 기억력, 언어, 사고, 행동, 시각 정보 처리 과정 등에 문제가 생길 수 있고 어떤 부분은 더 뚜렷하게 악화할 수도 있다.

　신경심리검사에서 인지 능력 저하의 초기 증상이 가벼운 수준이지만 뚜렷하게 발견되었다면 그것은 나이 때문도, 나이 때문이라고 짐작할 수 있는 것도 아니다. 일부는 알츠하이머 초기 증세일 수도 있지만 대부분은 신경 퇴행 등 여러 원인이 복합적으로 작용한 결과이며 어떤 경우는 다른 질환이 원인일 수도 있다.

　어떤 경우가 되었든 인지 능력 저하가 나이 때문이라고 일반화한다면, 최악의 경우 증상을 보고도 별일 아니라며 소홀히 대한 탓에 환자가 제때 적절한 치료를 받지 못할 수 있다. 그 결과 노인들의 인지 상태와 삶의 질이 심각한 타격을 입기도 한다. 노인들은 아이들만큼이나 우리의 관심이 필요한 존재라는 것을 명심해야 한다.

23장

ADHD는 제약 회사의 발명품이다

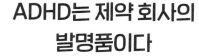

20장에서 다뤘듯이 어린이와 청소년은 전형적인 전두엽 기능 저하라고 할 만한 행동을 자주 보인다. 물론 이런 행동들이 우리의 주의를 끄는 건 당연하지만 정상적인 행동이며 인간이 경험하는 발달과 학습의 일부일 뿐, 절대 질병이나 장애가 아니다.

주의력결핍과잉행동장애 또는 ADHD는 사람들에게 잘 알려져 있다. ADHD 환자라고 하면 기피 대상이 되지만 사실 ADHD에 대한 오해가 있다. ADHD가 보통은 정상 아동을 판단하는 기준인 전두엽 기능이 저하된 결과로 발생했다고 믿는 사람들이 있기 때문이다. 하지만 사실은 그렇지 않다.

ADHD가 이런 이미지를 갖게 된 건 아마도 ADHD라는 이름 때문일 것이다. 이름 때문에 ADHD 환자에게서만 나타나는 주요 증상이 주의력 결핍과 과잉 행동 장애인 것처럼 보인다. 하지만 사실 이 두 증상은 ADHD의 대표 증상이 아니라 일차적 증상에서 파생된 이차적 증상이다.

신경 발달에 문제가 없다고 해도 아이가 나쁜 짓을 하고, 학교에서 어려움을 겪고, 주의력이 부족하고, 안절부절못하는 데는 수많은 이유가 있다. 다시 말해 아이가 공부를 어려워하고, 나쁜 행동을 하고, 어떤 것에 전혀 관심이 없거나, 안절부절못하는 '멍청이'처럼 구는 것은 정상 아동들에게서도 나타나는 현상이다. 하지만 ADHD는 그런 것만이 아니다.

보통 ADHD라고 하면 증상에 관한 이야기를 많이 한다. ADHD의 증상은 일반적으로 산만함과 과잉 행동으로 집중에 어려움을 겪는 것이 특징이다. 이러한 증상은 유년기에 시작되어 50%의 경우 성인기까지 지속되며 장기간에 걸쳐 개인의 학업, 사회, 가정, 직장 환경 등 삶의 다양한 영역에 부정적인 영향을 미친다.

하지만 ADHD를 조금 더 멀리서 바라보면 ADHD의 증상 전체를 아우르는 진짜 핵심이 무엇인지 알 수 있다. 이 핵심은 ADHD가 발생하는 주요 메커니즘의 아주 중요한 부분을 설명하며, 이를 통해 왜 내가 ADHD가 잘못된 이름이라고 했는지 이해하게 될 것이다. 나는 이 책 전반에 걸쳐 주의, 모니터링, 억제, 자기 통제 및 기타 여러 인지 과정을 다뤘다. ADHD가 있는 사람들은 효율적으로 행동하는 데 필요한 전두엽 기능을 잘 활용하지 못한다. 게다가 동기 부여로 시작된 행동을 조절하고 안내하는 신호들을 활용하고 통합하는 데도 어려움을 겪는다. 그래서 강화를 통한 학습도 다른 사람들보다 어려워한다.

결론적으로 ADHD는 각 연령대에 맞는 전두엽 기능의 발달을 저해하는 신경 발달 장애다. 상당수의 경우 ADHD 증상은 전두엽의 기능과 회로가 아직 제대로 발달하지 않아서 나타나는 결과다. ADHD 증상이 발달 지연에 의한 것이라면 삶의 어느 시점에 다다르면 증상이 사라지겠지만 평생에 걸쳐 환자들의 신경계가 조직되고 기능하는 방식에 영향을 미칠 수도 있다. 마지막으로 ADHD가 가진 특징은 여러 질병의 이차적 증상이기도 하다.

따라서 ADHD를 제대로 설명하려면 ADHD 증상이 오랜 기간 지속되는 이유나 환자의 삶에 미치는 부정적인 영향을 배제할 수 있도록 다른 병리적 조건이 없어야 한다.

많은 부모가 ADHD가 주의력 부족과 동의어라고 생각한다. 그래서 자녀가 좋아하는 일에 오랫동안 몰두하는데도 ADHD를 진단받으면 당연히 의문을 제기한다. 그런데 몰두하는 것은 ADHD 증상과 반대되는 것이 아니라 오히려 ADHD의 특징 중 하나다. 우리는 규칙이 정해진 상황이라면 규칙에 부합하는 모든 것에 주의력과 인지적 자원을 배치할 수 있다. 흥미가 있든 없든, 동기 부여가 되든 되지 않든 말이다. 그런데 동기 부여가 불가능한 상황에서의 ADHD 환자는 산만해지지 않도록 주의를 기울이는 능력이 거의 없다. 하지만 ADHD가 전두엽 기능과 관련이 있다는 점을 고려하면, ADHD가 있는 아동과 성인의 생활을 더욱 어렵게 만드는 다른 요소가 많다. 예를 들어 기억해야 할 일에 주의 자원을 적게 투입하여 기억을 못 하거나 잊어버리는 경향이 있다. 또한 시간 관리와 수행할 작업의 조직 및 계획에 상당한 어려움을 보이며, 우선순위 관리가 부족하고 일을 쉽게 미룬다. ADHD가 있으면 미래의 결과를 예상하여 행동을 유지하는 능력도 낮은 편이다. 반대로, 즉각적 강화와 연관된 작업은 확실히 쉽게 수행하는 편이다. ADHD 아동에게서는 과잉 행동이 주요 증상으로 나타나는 데 반해 청소년과 성인의 경우 참을성이 없거나 충동적인 성향이 더 두드러진다. ADHD 환자는 자기 통제 시스템이 손상되어 감정 관리도 비교적 어려울 수 있으며, 분노나 불안의 폭발로 나타날 수 있는 감정 반응 억제와 관련된 문제가 자주 발생한다.

전반적으로 ADHD의 증상은 아주 다양한 형태와 수준으로 나타날 수 있고 환자들의 삶에 상당한 영향을 미친다. 따라서

ADHD가 있으면 주로 학업 분야에서 어려움을 겪을뿐더러 가족을 포함한 인간관계 유지도 힘들며 향후 취업에 성공할 가능성도 줄어들 수 있다.

ADHD를 신경생물학적 관점에서 살펴보자면 우리가 잘 아는, 신경 전달 체계를 포함한 뇌 체계의 특징을 바탕으로 ADHD 증상의 발달과 지속을 설명할 수 있다. 그 결과, ADHD 증상의 발현을 최소화하고 ADHD 환자의 삶의 질과 성공 가능성을 개선하는 것을 유일한 목적으로 하는 치료법이 개발되었다.

한편 도파민 시스템은 ADHD에서 손상된 신경 인지 과정을 조절하는 데 중심 역할을 한다. 자세한 내용은 생략하고 간단히 말하자면 ADHD 약물 치료의 기본은 도파민 작용제를 사용하는 것이다. 그중 각성제가 특히 효과가 있다. 각성제를 투여하면 도파민 경로가 자극을 받고 이에 따라 ADHD 환자는 역설적으로 집중력이 높아지고 차분해진다. 또한 전두엽 기능 활성화를 위해 하는 인지 행동 치료도 매우 효과적인데 특히 성인에게 효과가 크다.

이렇게 ADHD 환자 다수가 각성제를 사용하면 오히려 차분해지지만, 모든 ADHD 환자가 각성제에 동일하게 반응하는 것은 아니다. 동시에 이 역설적인 반응이 ADHD의 생물학적 특징을 보여 주는 현상을 정확히 설명한다는 점을 강조하고 싶다.

ADHD 환자에게 각성제를 투여할 때와는 달리 ADHD가 아닌 사람에게 각성제를 규칙적으로 사용하면 위에서 설명한 긍정적인 효과는커녕 부정적인 효과가 나타난다. 예를 들어 언젠가부터 많은 사람이 공부를 잘하려고 암페타민을 사용했는데, 오히려 다른 사람들보다 차분하지 못하고 집중을 잘 못했을 뿐만 아니라 학습에도 지장이 생겼다는 점을 발견했다. 코카인을 복용했을 때도 비슷한 상황이 나타난다. 일반적으로 ADHD 환자들이 코카인을 복용하면 행복감이나 충동성은 뚜렷하게 나타나지 않고 오히려 차분해지고 집중력이 좋아진다. 사실 ADHD가 있으면 코카인을 비롯한 약물에 중독될 가능성이 크고 그로 인해 사고 또는 범죄를 저지르기 쉽다. 특히 치료를 받지 않는 경우 더욱 그렇다. 제대로 치료받지 않으면 어떻게든 약물을 접하고 위험한 행동을 저지를 위험성이 커지기 때문이다.

다시 ADHD가 있는 사람과 없는 사람에게 각성제를 사용했을 때 나타나는 반응으로 돌아가 보자. 두 집단에서 반대되는 반응이 나타나는 이유는 전두엽 피질의 도파민 수치와 인지 기능 간의 관계가 그다지 강하지 않으며 역 U자 모양 분포를 따르기 때문이다. 도파민이 과도하게 적거나 많으면 전두엽 기능이 손상되며 전두엽 기능을 최상으로 유지할 수 있는 도파민 수치 범위가 너무 좁아서 결국 역 U자의 양쪽 끝으로 빠지기가 쉽다. 따라서 전두엽과 도파민 시스템에 다른 문제가 없는 경우, ADHD가 아닌 사람이 암페타민이나 코카인을 먹으면 도파민 수치가 높아져 도파민 과잉 자극에 해당하는 역 U자 모양의 극단에 이르고 결과적으로 인지 기능이 저하된다.

어찌 됐든 ADHD가 정말 존재하는지 또 각성제를 사용하는 것이 적절한지를 둘러싼 논쟁은 불행히도 ADHD로 인한 결과가 ADHD 환자의 삶에 계속 영향을 미치도록 만들 뿐이다.

이는 ADHD 아동과 성인이라면 누구나 약물을 복용해야 한다는 말은 아니다. 절대로 그렇지 않다. 다만 ADHD 환자들이 삶에서 겪는 어려움을 고려할 때 그들의 삶을 개선하기 위해 할 수 있는 모든 것을 해 봐야 한다는 것을 뜻한다.

그 누구도 병원이나 상담소에 와서 ADHD 진단 건수를 늘리고 각성제를 많이 처방하면 해외로 여행을 보내 주겠다고 하지 않는다. 우리의 평판은 환자들을 위한 노력의 결과에 달렸다. 따라서 여행이나 가자고 진단을 마구 내릴 일은 없다. 그래도 ADHD에 대한 과잉 진단이 존재한다는 것은 분명하다. 일부는 아마도 진단 오류일 것이다. 즉 어떤 경우에는 전문가들이 ADHD와 비슷하지만 실은 ADHD가 아닌 증상을 구별할 줄 모른다는 것이다. 각성제도 마찬가지다. 약물 투여 말고는 선택지가 없었던 것도 아니고 각성제를 사용할 필요가 없었는데도 처방하는 경우가 있는 것이 사실이다. 진단을 내리는 사람들이 얼마나 전문적인지에 따라 결과는 달라진다.

그렇다고 해서 ADHD가 정말 있는 것이 맞냐는 의문을 제기할 수는 없다. ADHD가 지난 20년간 사람들에게 더 잘 알려지긴 했지만 사실 항상 존재해 왔다. ADHD가 예전보다 훨씬 더 흔해진 것은 교육 시스템에 많은 변화가 있었던 까닭도 있다. 과거에는 사람들이 학교 대신 일터에 있느라 ADHD의 존재를 알기 어려운 조건이었다.

현재의 교육 시스템은 소위 정상적인 것만 추구하며 특이한 행동을 하는 사람을 밖으로 내몬다. 하지만 ADHD를 앓는 사람도 다른 사람만큼 멀리 갈 수 있도록 최선을 다해야 할 의무가 있다는 것을 우리는 알고 있다.

24장

정신 질환은
존재하지 않는다

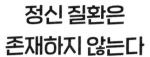

1960년대에 정신의학의 흔한 치료법이었던 비자발적 입원, 전기 경련 요법, 약물 사용에 반발하는 반정신의학 운동이 등장했다. 반정신의학 운동은 정신의학이 정상적인 심리적 반응과 환경과의 상호작용에서 발생하는 증상에 정신 질환이라는 낙인을 찍는다고 주장했다. 또한 정신 질환에 대한 과학적 근거와 지식, 향정신성의약품 사용의 타당성에 의문을 제기했다.

심리학에서 B.F. 스키너의 급진적 행동주의 이론은 모든 인간 행동은 학습의 결과이며 따라서 모든 인간 행동은 학습된 기능에 반응한다는 내용이다.

그리고 지금도 임상심리학과 행동심리학에 기반해 1960년대의 반정신의학과 급진적 행동주의 기조를 따르는 매우 강력하고 엄격한 의견이 존재한다는 것이 굉장히 놀랍다 적어도 나에게는 그렇다. 이는 정신의학, 신경학 또는 신경심리학적 관점에서 정신 질환을 바라보는 방식에 공개적으로 의문을 제기하는 의견이다.

어떤 행동이나 상태를 문제 행동이나 질병이라고 분류하는 것은 개념적, 철학적, 의미론적으로 어려운 일이다. 특히 의미론적 특성이 중요하다. 어떤 행동이 병리적 행동인지 아닌지 의문을 던지는 가장 큰 이유는 우리가 질병들을 지칭하는 방식 자체에 이미 문제가 있기 때문이다.

우울감이 있다고 우울증이 아니며 불안하다고 불안 장애가 있는 것은 아니다. 마찬가지로 의심이 많다고 편집성 인격 장애가 아니며 집요하고 섬세하다고 강박 장애가 있는 것이 아니다.

누구나 살다 보면 어려운 상황에 놓이게 되고 한번쯤은 다소 심각한 또는 지속적인 심리적 불편함을 경험한다. 때때로 마음이 불편한 상태일 때는 우울함을 느끼거나 불안해하거나 무언가에 집착하게 된다. 이렇게 특수한 상황일 때 나타나는 심리적 반응은 대부분 지극히 정상적인 반응이지만 그렇다고 전부 특별한 주의나 치료가 필요한 문제로 발전하지 않는 것은 아니다.

정신 질환이나 신경정신 질환의 증상으로 우울, 불안, 강박 증세가 나타날 수 있는데, 사람마다 증상의 수준도 다르고 그 증상이 환자의 삶에 미치는 영향도 다를뿐더러 단순한 심리적 문제로 치부할 수도 없다. 또한 대부분 이러한 증상이 나타나는 이유를 전부 설명할 수 있는 명확한 유발 요인이 무엇인지 알기 어렵다. 설령 알 수 있다 해도 일부 원인만 알 수 있을 뿐이다.

또한 머리를 다쳤거나 뇌 질환이 생겨서 나타나는 증상은 한눈에 봐도 뇌 손상 때문임을 알 수 있다고 생각할지도 모른다. 하지만 대부분의 뇌 손상이나 뇌 기능 장애는 정신 질환에서 나타나는 증상과 똑같은 증상을 유발한다. 그래서 뇌가 손상되었을 때 나타난 증상이 뇌가 손상되지 않았을 때도 발견된다면 두 경우 모두 뇌에서 비슷한 과정이 일어나고 있다고 짐작할 수 있다.

어쨌든 실제 임상 현장에서는 심리 상태나 행동에 변화가 생겼을 때 일정 수준 이상으로 심각한 문제가 관찰되면 질병이라고 판단할 수 있는 기준을 배운다.

많은 사람이 우울증은 나약함의 상징이며 우울증이 지속되는 건 환자가 노력하지 않아서라고 생각한다. 하지만 우울증은 일정 기간 지속되는 단순한 슬픔이나 무기력보다 훨씬 복잡하고 심각한 현상이다. 우울증 환자는 슬픔, 무쾌감증, 좌절, 죽음에 관한 생각, 기대의 부재 같은 정서적 증상을 비롯해 주의력, 기억력, 전두엽 기능, 처리 속도 같은 신경 인지적 요소에도 문제가 생긴다. 종종 다양한 형태의 수면 장애를 일으키기도 한다. 이와 같은 증상들이 한꺼번에 작용하면 우울증 환자는 침대에서 일어날 수 없거나 현실과 완전히 단절되는 극단적인 상황에 놓인다.

일부 극단적인 의견과는 상관없이 의학에서는 오랫동안 다양한 항우울제를 치료에 사용했다. 항우울제는 임상 현장에서는 물론이고 일반 진료에서도 아주 확실한 효과를 보였다.

불안 장애는 대중 앞에서 말할 때 긴장하는지 심지어는 공포를 느끼는 증상이 있는지 확인해야 한다. 이런 증상을 보이면 환자는 결국 사회에서 완전히 고립되고 소외될 수 있다. 또는 그 두려움에서 비롯된 고통을 끝내기 위해 이성을 잃고 해괴한 행동을 벌일 수도 있다. 강박 장애로 인한 강박적 행동은 문을 닫았는지 가스를 껐는지 두 번 확인하는 것이 아니다. 물건이 제자리에 없으면 더 긴장하거나 덜 긴장하는 것과도 아무런 상관이 없다. 실제 강박 장애 환자들은 누군가와 같이 산다는 것이 불가능할 정도로 외부인이 침입하는 것은 아닌지 수도 없이 걱정한다. 이런 생각으로 인한 심리적 고통 때문에 터무니없고 괴상한 행동을 하게 된다. 예컨대 자해를 하거나, 감염을 피하려고 피부가 벗겨질 정도로 손을 씻거나, 종교적 의식을 따르느라 신체 일부를 절단하는 지경에 이를 수 있다. 강박 장애가 없다면 이런 행동은 하지 않을 것이다.

한편 조현병을 비롯한 여러 정신 질환의 경우 증상 자체가 심각한 질환이라고 생각한다. 조현병 환자에게서는 환청, 가끔은 환시나 망상 등의 '양성 증상', 사회적 위축, 무감동, 정신 기능 저하 및 인지 장애와 같은 '음성 증상'이 나타난다.

위에서는 질환의 원인으로 생물학적 요인이 언급되지 않았는데 이는 결국 사람들이 생물학적 요인이 아니라 상황적 요인 때문에 병에 걸린다고 생각하게 만든다. 하지만 이런 주장은 현재 위와 같은 질환들의 신경생물학적 요인에 대해 알려진 바를 전혀 모를 때 할 수 있는 주장이며 다른 질병에 대해서도 기본적으로 무지하다는 뜻이다.

한 가지 예를 들자면 명백한 신경 질환인 뇌전증 환자의 50%가 MRI 검사에서 이상을 보이지 않는다. 대부분 증상을 조사하여 진단을 내리고 치료를 시행해도 뇌파에서 뇌전증 활동이 확인되지 않는 경우가 있다. 그렇다면 뇌전증이 뇌 질환이 아닐까? 당연히 그렇지 않다.

질병은 환자의 생물학적 요인, 개인적 상황, 가족 관계 등 모든 것이 복합적으로 작용한 결과다. 그래서 끔찍한 심리적 고통을 겪고 있는 환자의 사정을 한번도 들어 본 적 없는 사람들이 하는 말은 실제 환자들이 살아가는 비극적인 현실과 동떨어질 수밖에 없다. 환자의 현실에 귀 기울여야 어떤 치료법이 가장 효과적일지 알 수 있다. 그러면 증상을 통제하거나 개선하기 위해 약물 치료와 비약물 치료 중 어떤 것이 나을지 선택할 수 있고 심각한 수준의 우울증, 조현병, 강박 장애 환자에게서 MRI상으로 아무것도 확인되지 않아도 뇌심부자극술 같은 최첨단 기술을 활용해 증상을 획기적으로 개선할 수 있다.

정신 질환은 진지하게 다루어야 할 아주 중요한 문제다. 이런 인식은 치료자들이 아닌 환자들을 위해 널리 퍼져야 한다. 우리가 편견에 갇혀 증거가 아닌 개인적 믿음과 이데올로기에 기반해 편협한 연구만 한다면 절대로 흐름을 바꿀 수 없다. 흐름의 변화를 몸소 체험할 사람들은 바로 환자들이다.

에필로그

인간의 뇌가 작동하는 방식을 이해한다는 건 우리가 누구인지 더 잘 알 수 있는 특별한 선물을 받는 것과 다름없다. 하지만 뇌의 작동 방식은 단순히 장기 조직, 전기 자극, 생화학으로 설명되지 않는 훨씬 더 복잡한 과정의 산물이다. 우린 그걸 분명히 알고 있다. 적어도 나는 그렇다.

단순히 신경 전달 물질, 호르몬, 또는 뇌 시스템을 언급하며 뇌가 작동하는 방식을 설명하려는 시도는 분명 과학적 성취보다 영리를 추구하는 접근법이다. 마찬가지로 뇌가 인간다움을 만드는 역할을 한다는 사실을 부정하는 건 우리의 현실과 지식을 부정하는 것과 같다.

과학은 우리가 가진 모든 질문에 대한 절대적인 답을 내놓을 순 없다. 하지만 인간이란 무엇인지 그리고 인간이 왜 인간인지 설명하는 결정적인 요소에 안전하게 접근할 수 있도록 하는 검증된 이론을 제공한다. 결국 과학은 실용적인 측면에서 우리에게 훨씬 더 중요한 것을 알려 준다. 바로 우리의 믿음과 진실을 검증하는 방법이다. 모든 것에 질문을 던지고, 모든 것을 시험하고 어떤 경우엔 우리가 틀렸다는 것을 깨달을 수 있는 도구를 알려 주는 것이다.

이 책은 절대적 진리가 담긴 성경 같은 책이 아니다. 사실 누구도 완벽한 진리를 알 길은 없다. 수없이 언급했듯, 이 분야를 연구하려면 우리가 알면 알수록 모르는 게 많다는 것을 깨닫는 겸손이 필요하다.

'신경'은 인기도 많고 잘 팔리는 주제지만 '신경'이란 단어로 사람들을 유혹하는 모든 내용이 항상 진실에 가까운 것은 아니다. 사실 감히 말하자면 최근 몇 년간 '신경과학'이란 단어로 치장하여 등장한 개념과 이론 대부분은 끔찍할 정도로 단순하고 잘못된 내용을 담고 있는 데다 독단적이다.

이 책 전반에 걸쳐 나는 여러 신경심리학적 사례를 자유롭게 소개했다. 내가 나눈 이야기들이 여러 의의가 있는 것은 사실이지만 그 어떤 내용도 내 개인적인 생각이나 믿음 또는 유행에 기대지 않았다. 오랜 기간 뇌 기능과 인간 행동의 관계를 파헤친 과학 연구에 기반한 내용들이다. 내 동료들과 나의 과학적, 임상적 경험을 토대로 엮은 이 내용은 여러 상황을 이해하려는 시도를 가능케 하는 틀을 마련한다. 그리고 이 틀은 독자들을 현혹하고자 만든 것이 아니기에 주의 깊게 들여다볼 가치가 있을 것이다.

몇 가지 실험으로 이 책에서 설명한 여러 상황을 모두 설명할 수는 없다는 것은 분명하다. 하지만 인간의 뇌가 하는 일과 그 과정에 관해 확실하게 알려진 바가 있다. 그것을 잊지 않는다면 이 책에 소개된 모든 사례를 신경심리학적으로 설명하기 위한 가설을 세우고 일반화하는 것이 불가능하지는 않다.

지식은 모든 것을 궁금해 할 때 얻을 수 있다. 궁금증을 갖는 것이 바로 여러분과 내가 이 책을 덮은 뒤에도 계속 이어 갈 수 있는 최선이다. 옳고 그름의 문제가 아니다. 우리가 언제라도 다시 새로운 가설을 논의하고 증명할 수 있는 출발점으로 향해야 한다.

놀라스크 아카린,《왕의 뇌 El cerebro del rey**》, RBA Bolsillo, 2018**
신경학과 신경과학의 관점에서 인간은 어떤 존재인지 여러 방면으로 풀어낸
책이다.

라몬 노게라스,《우리는 왜 헛소리를 믿는가: 자신을 속이는 방법 Por qué
creemos en mierdas: Cómo nos engañamos a nosotros mismos**》, Kailas, 2020**
우리가 어떻게 세상을 인식하고 판단하고 해석하는지, 특히 그 과정에서 우리
가 왜 터무니없는 말들을 믿게 되는지 설명하는 재미있고 세련된 책이다.

로헤르 힐,《신경심리학 Neuropsicología**》, Alianza, 2019**
신경심리학에서 꼭 알아야 하는 다양한 증상과 진단 과정을 담은 전문 서적이
지만 독자들이 쉽게 접근할 수 있는 책이다.

리타 카터, 양영철·이양희 옮김,《뇌 맵핑마인드》, 말글빛냄, 2007
흥미로운 예시, 실험, 임상 사례를 통해 해부학과 인간 뇌의 기능을 그림과 함
께 쉽게 풀어낸 책이다.

사울 마르티네스 오르타,《망가진 뇌 Cerebros rotos**》, Kailas, 2022**
여러 질병으로 뇌가 망가지면 어떤 일이 생기는지 알려 주는 흥미로운 의학적
사례의 집합체이자 뇌가 망가졌을 때의 경험을 들여다보는 여행과도 같은 책
이다.

수잔나 카할란, 박유진 옮김,《브레인 온 파이어》, 골든타임, 2018
수잔나 카할란의 자서전인 이 책에서 저자는 항NMDA 수용체 뇌염이라는 잘 알려지지 않은 자가면역성 뇌염을 앓으며 치료 방법을 찾을 때까지 절망 속에서 고통받아야 했던 자신의 이야기를 들려준다.

스티븐 핑커, 김한영 옮김,《마음은 어떻게 작동하는가》, 동녘사이언스, 2007
인지 과학과 인간의 마음이 작동하는 방식에 관한 모델에 심도 있게 접근한 굉장한 책이다.

안토니오 다마지오, 김린 옮김,《데카르트의 오류》, NUN, 2017
2005년 아스투리아 과학기술상을 받은 의사 다마지오가 의사 결정 과정에서 감정이 중요한 역할을 한다고 설명한 신체 표지 가설을 다룬 훌륭한 저서다.

앨런 배들리, 마이클 W. 아이젠크, 마이클 C. 앤더슨,《기억Memory》, Alianza, 2020
기억에 관해 깊이 있게 탐구하고 싶은 사람이라면 반드시 읽어야 하는 필독서다.

에릭 R. 캔델, 전대호 옮김,《기억을 찾아서》, 알에이치코리아, 2014
노벨 의학상을 받은 저자 에릭 캔델은 이 책에서 자신의 삶과 개인적 경험을 보여 주는 동시에 기억이 작동하는 방식에 관한 모든 것을 풀어냈다.

올리버 색스, 조석현 옮김,《아내를 모자로 착각한 남자》, 알마, 2016
저명한 신경과 의사 올리버 색스가 써낸 매력적인 임상 기록이 담긴 저서다.

올리버 색스, 이은선 옮김, 《화성의 인류학자》, 바다출판사, 2015
올리버 색스가 이전 저서들처럼 자신이 만났던 신경 질환 환자들의 이야기를
담은 책이다.

올리버 색스, 김한영 옮김, 《환각》, 알마, 2013
질병에 걸렸을 때는 물론이고 아무 문제가 없을 때조차 겪을 수 있는 환각 증
세에 대해 알려 주는 올리버 색스의 흥미로운 저서다.

**제럴드 에델만, 줄리오 토노니, 장현우 옮김, 《뇌의식의 우주》, 한언출판사,
2020**
신경과학 분야에서 가장 답하기 어려운 질문 중 하나인 '의식은 어떻게 구성되
는가?'의 답변을 찾아가는 작품이다.

조지프 르두, 최준식 옮김, 《느끼는 뇌》, 학지사, 2006
인간이 감정을 느낄 수 있게끔 하는 뇌의 모든 메커니즘을 독자들에게 소개하
는 훌륭한 과학 도서이자 놀라운 작품이다.

조지 도이치, 샐리 P. 스프링어, 《좌뇌와 우뇌 Left Brain, Right Brain**》, Gedisa,
2012**
이 책은 뇌량절제술을 받은 환자들을 대상으로 이루어진 흥미로운 연구를 파
헤친다.

존 레이티, 김소희 옮김, 《뇌, 1.4킬로그램의 사용법》, 21세기북스, 2021
질병이 있을 때와 없을 때 인간의 뇌가 어떻게 기능하는지 독자에게 유쾌하고
쉽게 설명하는 유익한 책이다.

헤수스 라미레스 베르무데스,《영혼에 관한 간략한 임상 사전 Breve diccionario clínico del alma**》, Debate, 2010**
다양한 임상 사례와 저자의 생각을 통해 인간의 마음에 관한 비밀과 그 복잡함을 써 내려간 매력적인 에세이다.

헤수스 라미레스 베르무데스,《우울증: 가장 어두운 밤 Depresión: La noche más oscura**》, Debate, 2020**
질병으로서의 우울증이란 어떤 모습인지 그 현실을 완벽하게 그린 꼭 읽어야 하는 필독서다.

헤수스 라미레스 베르무데스,《우울하면 창의적이다 La melancolía creativa**》, Debate, 2022**
정신의학과 신경과학적 관점에서 창의성이 발달하는 비밀스러운 과정과 우울감의 연관성을 연구한 에세이다.

¿DÓDE ESTÁ LAS LLAVES?
by Saul Martíez Horta

Korean translation © 2025 Pulbit Publishing Co.

이 책의 한국어판 저작권은 Icarias Agency를 통해 Editorial Planeta S.A.과 독점 계약한 도서출판 풀빛에 있습니다. 저작권법에 의하여 한국 내에서 보호를 받는 저작물이므로 무단전재와 복제를 금합니다.

**오늘도
뇌 마음대로
하는중**

초판 1쇄 인쇄 2025년 1월 5일
초판 1쇄 발행 2025년 1월 23일

지은이 사울 마르티네스 오르타 | **옮긴이** 강민지
펴낸이 홍석
이사 홍성우
인문편집부장 박월
책임 편집 박주혜
편집 조준태
디자인 보통스튜디오
마케팅 이송희·김민경
제작 홍보람
관리 최우리·정원경·조영행

펴낸곳 도서출판 풀빛
등록 1979년 3월 6일 제2021-000055호
주소 07547 서울특별시 강서구 양천로 583 우림블루나인 A동 21층 2110호
전화 02-363-5995(영업), 02-364-0844(편집)
팩스 070-4275-0445
홈페이지 www.pulbit.co.kr
전자우편 inmun@pulbit.co.kr
ISBN 979-11-6172-985-5 03400

※ 책값은 뒤표지에 표시되어 있습니다.
※ 파본이나 잘못된 책은 구입하신 곳에서 바꿔드립니다.